超深微生物白云岩岩溶气藏
精细描述关键技术

徐　伟　罗文军　邓　惠　刘义成　等编著

石油工业出版社

内 容 提 要

四川盆地安岳气田震旦系灯影组气藏是国内迄今发现规模最大的超深低孔隙度复杂微生物白云岩岩溶气藏，世界范围未见同类型气藏高效开发先例。本书主要围绕制约气藏规模高效开发的关键技术问题，从地球物理、开发地质、气藏工程等多个角度，重点介绍了气藏精细描述攻关过程中形成的相关理论认识和关键技术，支撑气藏开发实现从边际效益到高效开发的跨越，对国内外同类型碳酸盐岩气藏开发具有重要参考价值。

本书可供油气田单位、科研院所及石油高等院校从事气田开发相关工作人员及师生参考阅读。

图书在版编目（CIP）数据

超深微生物白云岩岩溶气藏精细描述关键技术 / 徐伟等编著 . —北京 : 石油工业出版社，2023.12

ISBN 978-7-5183-6259-2

Ⅰ. ①超⋯ Ⅱ. ①徐⋯ Ⅲ. ①白云岩 – 油气藏 Ⅳ.

① P618.130.2

中国国家版本馆 CIP 数据核字（2023）第 168532 号

出版发行：石油工业出版社

（北京安定门外安华里 2 区 1 号　100011）

网　　址：www.petropub.com

编辑部：（010）64523541

图书营销中心：（010）64523633

经　　销：全国新华书店

印　　刷：北京九州迅驰传媒文化有限公司

2023 年 12 月第 1 版　2023 年 12 月第 1 次印刷

787×1092 毫米　开本：1/16　印张：10.25

字数：260 千字

定价：88.00 元

《超深微生物白云岩岩溶气藏精细描述关键技术》

编写组

组　长：徐　伟

副组长：罗文军　邓　惠　刘义成

成　员：（按姓氏笔画排序）

王　璐　叶　禹　申　艳　冉　崎　朱　讯

朱　斌　刘　耘　刘曦翔　齐春艳　闫海军

苏　琛　杨泽恩　杨胜来　吴仕虎　何溥为

张　岩　陈　康　俞霁晨　施延生　姚宏宇

陶夏妍　夏钦禹　徐会林　彭　先　鲁　杰

鄢友军　赖　强　谭晓华　熊　宇

◆ **前 言**
PREFACE

　　随着勘探开发理论及技术的不断进步，向更深、更古老层系寻找油气资源是各大石油公司重要的战略方向。2000 年以来，国内相继发现了普光、克深、元坝和安岳等多个深层大气田，这些气田主要集中在四川盆地。其中，2011 年在四川盆地最古老海相碳酸盐岩地层发现的安岳气田震旦系灯影组气藏，含气面积达 7500 km^2，截至 2020 年底累计探明地质储量 5900×10^8m^3，成为国内规模最大的超深低孔隙度复杂微生物白云岩岩溶气藏，该气藏的发现对加快国内天然气开发、保障国家能源安全具有重要的意义。

　　安岳气田震旦系灯影组气藏的发现，凝聚了几代石油人的艰苦奋斗和不懈努力。1964年，四川盆地川中古隆起西南端的威基井在震旦系测试获得工业气流，威远震旦系气藏横空出世，探明地质储量 400×10^8m^3，成为当时国内最大的整装碳酸盐岩气藏。1968 年，威远震旦系气藏正式投入开发，由于存在活跃的底水，在开发过程中产生了纵窜、横侵等多种水侵模式，经过 50 余年的开发，气藏采出程度仅为 40% 左右。从 20 世纪 70 年代开始，根据古隆起控藏的理念，在乐山—龙女寺古隆起东段"古今构造叠合区"持续开展大型构造勘探，但始终未获得重大突破，仅在龙女寺构造和高石梯构造获得了低产气流。2006 年以来叠合盆地古老碳酸盐岩多期成藏理论逐渐形成，明确了寻找大气田的勘探方向。2011年，在四川盆地中部高石梯地区上震旦统灯影组高石 1 井测试日产天然气 138×10^4m^3，从而揭开了安岳气田震旦系灯影组气藏勘探开发的序幕。

　　安岳气田震旦系灯影组气藏埋深超 5000m，80% 的天然气储量蕴藏于孔隙度低于 5%的特低孔隙度储层中，受到沉积作用和岩溶作用等多种因素影响，储层非均质性极强，寻找开发"甜点区"难度极大，在评价期钻获气井的有效率低于 30%，气藏内部收益率预测值仅为 11.8%，高效开发面临诸多困难。而国内外同类型气藏，仅有俄罗斯西伯利亚地台拜基特盆地的尤鲁布钦—托霍莫震旦系油气藏，以及我国鄂尔多斯盆地靖边地区奥陶系马家沟组气藏和塔里木盆地塔中地区奥陶系气藏投入了开发。其中俄罗斯尤鲁布钦—托霍莫震旦系储层与我国塔中地区奥陶系储层，均受到断裂与表生岩溶作用的控制，储集空间以数米—数十米级的大型溶洞与断裂为主，靖边地区马家沟组储层受到膏云坪与表生岩溶作用的控制，储集空间以石膏溶蚀孔为主。而安岳气田震旦系灯影组储层主要发育于微生物丘滩云岩，储集空间以毫米—厘米级的中、小溶洞为主，与前述 3 个油气藏相比，其储集条件更差，已有技术在该气藏的应用效果不佳，要实现储量向产量的快速转化面临巨大挑战。

自"十三五"以来，安岳气田震旦系攻关团队依托中国石油科技重大专项、"十三五"国家科技重大专项以及四川省自然科学基金项目，联合中国石油大学（北京）、西南石油大学、中国石油勘探开发研究院、中国石油休斯敦研究中心等高等院校与科研机构，组建"产、学、研"相结合的联合攻关团队。采取跨学科、多专业联合攻关模式，聚焦安岳气田震旦系灯影组气藏开发面临的"储集体精细刻画、储量高效动用、提高单井产量"三大技术瓶颈，重点开展了岩溶储层精细描述、岩溶缝洞型储层地震预测、缝洞型储层渗流机理实验评价等技术攻关，揭示了微生物白云岩小尺度岩溶缝洞储层发育机理，明确了 5 类优质储层发育模式，精细刻画了优质缝洞储层空间展布，破解了复杂地质背景下开发有利区优选难题；建立了 3 类高产井部署模式，攻克了高产井目标优选的关键技术瓶颈，创新形成了超深微生物白云岩岩溶气藏精细描述关键技术，在安岳气田震旦系灯影组四段台缘带 65 口开发井有效率达 100%，驱动气藏利用 $36×10^8m^3/a$ 工作量建成 $60×10^8m^3/a$ 开发规模，气藏内部收益率预测值提升近 20 个百分点，实现了从无效开发到有效开发再到高效开发的"三级跳"，成为中国石油近年来提质增效成果最为显著的天然气开发案例之一。

本书编写组由安岳气田震旦系灯影组气藏开发攻关团队的专家和技术骨干组成，多数成员经历了从气田开发评价到全面建产的全过程。前后近 8 年时间，编写组查阅了大量文献资料，梳理了各类研究成果，结合自身认识和体会，完成了本书的编写。其中徐伟、罗文军、邓惠负责全书的内容设计、优选、审定和统稿；前言由徐伟编写；第一章主要由罗文军、刘耘、闫海军编写，刘义成参与编写；第二章主要由罗文军、刘曦翔、彭先编写，申艳、夏钦禹参与编写；第三章主要由冉崎、吴仕虎、陈康、赖强编写，熊宇、叶禹参与编写；第四章主要由邓惠、杨胜来、王璐、谭晓华编写，朱讯、张岩参与编写；第五章主要由徐伟、鄢友军、鲁杰、徐会林编写，何溥为、俞霁晨参与编写；第六章主要由邓惠、齐春艳、杨泽恩、姚宏宇编写，朱斌、苏琛参与编写；第七章主要由徐伟、陶夏妍编写，施延生参与编写。

感谢西南石油大学李晓平、刘启国，中国石油勘探开发研究院贾爱林、万玉金，中国石油西南油气田公司胡勇、郭贵安、肖富森、冯曦给予的支持和帮助。感谢参与安岳气田震旦系灯影组气藏攻关研究的全体人员对本书技术成果给予的贡献。

希望本书的出版能对全国从事气藏开发研究和管理人员有所帮助，以期为同类型气藏开发效果提升提供借鉴，促进我国天然气开发水平的不断提高。受笔者水平所限，书中难免存在不足之处，敬请读者批评指正。

本书编写组
2023 年 12 月

目 录

CONTENTS

第一章
概　述

四川盆地加里东古隆起一直以来都被地质家认为是震旦系油气富集的有利区域,储量资源丰富,2011 年,安岳气田高石 1 井在埋深达 5000m 的震旦系灯影组获 $138 \times 10^4 m^3$ 的高产气流。然而,安岳气田震旦系灯四气藏是典型的超深古老微生物白云岩风化壳岩溶气藏,气藏整体储层较为发育,但储层为微生物丘滩白云岩,储集空间以毫米级—厘米级中、小溶洞为主,成因机制复杂,属于低孔隙度、低渗透率储层,同时由于受沉积、构造、岩溶等作用的共同控制,导致纵横向非均质性强、连续性差。储层内部结构和渗流规律复杂,产能普遍较低,世界范围未见同类型气藏高效开发先例,气藏高效开发面临诸多技术挑战。

第一节　区域地质背景

一、地理位置

安岳气田地理位置位于四川省中部,东至武胜县—合川县—铜梁县、西达安岳县安平店—高石梯区块、北至遂宁市—南充市一线以南,南至隆昌县—荣昌县—永川一线以北的广大区域内。高石梯—磨溪区块位于四川省中部资阳市和重庆市潼南区境内(图 1-1)。地面出露侏罗系砂泥岩地层,丘陵地貌,地面海拔 250~400m,相对高差不大,气候温和,年平均气温 17.5℃,公路交通便利,水源丰富,自然地理条件和经济条件相对较好,具有较好的市场潜力,为天然气的勘探开发提供了有利条件。

二、区域地质特征

(一)区域构造特征

安岳气田位于四川盆地川中古隆平缓构造区的威远—龙女寺构造群,东至广安构造,西邻威远构造,南与川东南中隆高陡构造区相接,属川中古隆平缓构造区向川东南高陡构造区的过渡地带。历经桐湾运动、加里东运动、海西运动、印支运动、燕山运动及喜马拉雅运动等多次构造运动,由于受震旦纪强刚性中性和基性火成岩基底的影响,主要以差异升降运动为主,构造总体受力较弱,构造较平缓。现今地面构造总的趋势为走向北东东,由西南向北东倾伏的褶皱单斜,在此单斜背景下,由西向东主要分布有岳源乡高点、龙女寺和合川等构造(图 1-2)。

(二)区域地层及沉积特征

安岳气田地面出露地层为侏罗系上统遂宁组或者中统沙溪庙组沙二段。自上而下依次揭穿侏罗系上统遂宁组、中统沙溪庙组、下统凉高山组和自流井组；三叠系上统须家河组，中统雷口坡组，下统嘉陵江组、飞仙关组；二叠系上统长兴组、龙潭组，下统茅口组、栖霞组；奥陶系下统桐梓组；寒武系上统洗象池组，中统高台组，下统龙王庙组、沧浪铺组、筇竹寺组；震旦系上统灯影组，下统陡山沱组以及前震旦系。缺失石炭系、泥盆系和志留系。

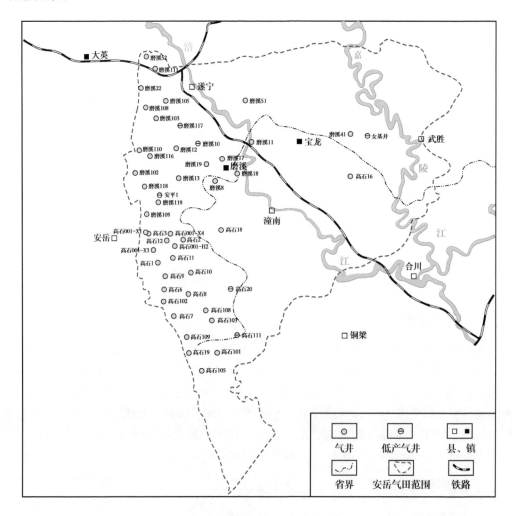

图 1-1　安岳气田地理位置图

安岳气田震旦系上统灯影组为大套质纯白云岩，与上覆地层为假整合接触。纵向自上而下划分为 4 段，即灯四段、灯三段、灯二段和灯一段（表 1-1）。气田勘探成果主要集中在灯四段，其单井厚度在 261~347m 之间，平均约为 300m，岩性主要由浅灰—深灰色层状粉晶云、含砂屑云岩、溶孔粉晶云岩、微生物白云岩组成，其中微生物白云岩包括藻凝块云岩、藻叠层云岩、藻纹层云岩等主要发育于藻丘相中，岩心上多见岩溶角砾。根据目前已有的钻井及地震资料分析，在高石梯—磨溪构造以西至威远—资阳一带，由于桐湾构造运动的影响，发育近北西方向的灯影组侵蚀谷，以西的灯四段和灯三段被剥蚀殆尽，灯二段也被部分剥蚀，充填巨厚的下寒武统暗色泥质烃源岩。

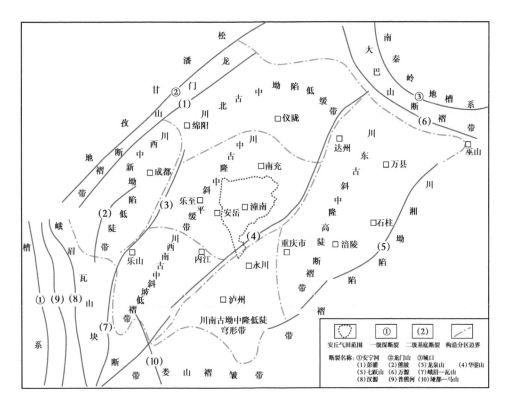

图 1-2　安岳气田高石梯—磨溪区块区域构造位置示意图

表 1-1　四川盆地震旦系地层划分和对比方案表

地层				厚度 (m)	岩性与生物特征	电性特征
系	统	组	段			
震旦系	上统	灯影组	灯四段	261~347	由浅灰—深灰色层状粉晶云岩、含砂屑云岩、溶孔粉晶云岩、微生物白云岩组成，岩心上多见岩溶角砾。含硅质、藻类发育	伽马低平，偶夹小齿状；电阻率高值，齿状
			灯三段	50~100	深色泥页岩和蓝灰色泥岩，夹白云岩、凝灰岩	伽马高值，齿状；电阻率低值，小齿状
			灯二段	440~520	上部微晶白云岩，下部葡萄—花边构造藻格架白云岩发育	伽马低平，夹小齿状；电阻率高值，齿状
			灯一段	20~70	含泥质泥—粉晶白云岩、藻纹层云岩，少含菌藻类，局部含膏盐岩	伽马较高值，曲线下部大齿状；电阻率曲线低平或齿状
	下统	陡山沱组		10~200	黑色碳质页岩夹白云岩及硅质磷块岩，局部含膏盐	自上面下伽马值逐渐增大，电阻率值逐渐减小，波动幅度小

（三）区域成藏特征

　　震旦系灯影组属于四川盆地沉积的第一套沉积盖层，第一套含气系统——震旦系—下古生界含气系统，以侧生旁储型为主，兼有上生下储型和自生自储型，烃储匹配好。

1.烃源条件

根据区域野外及钻探资料分析认为，四川盆地灯影组烃源较丰富，灯影组的主要烃源共发育3套烃源岩：下寒武统筇竹寺组黑色泥页岩、灯影组三段泥质岩、灯影组二段藻云岩。对灯影组气藏起主要供烃作用的是下寒武统筇竹寺组黑色泥页岩。首先，该套烃源岩总体上具有厚度大、有机质丰度高、类型好、成熟度高、烃源岩生气强度大的特点；其次，灯影组自身发育藻白云岩和灯三段泥质岩，紧邻储层，具备一定生烃能力。总之，安岳气田处于有利的生烃区域。

2.储集条件

灯影组主要发育局限台地沉积环境，沉积期古地貌平缓，因此藻丘、颗粒滩亚相在盆内广覆式分布，后期成岩演化叠加区域性表生期岩溶作用，储层储集空间以藻格架孔和溶蚀孔洞为主，主要见于藻叠层白云岩、凝块石、藻纹层、藻泥—粉晶白云岩等微生物白云岩，储层横向分布稳定，区域上连片发育，具备形成大气藏的储集基础。

3.盖层与保存条件

根据区域构造及地震资料，本区构造平缓，特别是腹地深大断裂不发育，对油气的保存起到了十分重要的作用。同时宏观上看，灯影组埋深在超过5000m，上覆盖层发育，在二叠系、三叠系及侏罗系中，泥页岩、致密的碳酸盐岩、膏盐岩十分发育，沉积厚度大，分布广泛，厚度达2000m以上。筇竹寺组泥岩可以作为直接盖层，高石梯以西厚度为200~400m；向蜀南地区厚度明显增厚，天宫堂—长宁一带厚度超过400m；通江—南江沙滩—南江桥亭一带厚度为160~300m。与灯影组岩溶坡地及残丘优质储层侧向对接，形成有利的源储组合，也是直接盖层。因此，该区既具有很好的直接盖层，又具有很好的区域盖层，油气保存条件十分优越。

综上所述，安岳气田灯影组气藏的生、储、盖组合好，各要素条件优越，具备形成大型气藏的成藏条件。

第二节　攻关前气藏勘探开发简况

一、勘探简况

四川盆地加里东古隆起一直以来都被地质学家们认为是震旦系油气富集的有利区域，勘探始于20世纪50年代中期，迄今已有半个多世纪的历史。建国初期，三上威远，发现我国第一个震旦系大气田—威远震旦系气田，1967年探明地质储量$400 \times 10^8 m^3$。之后，经历近40余年，通过持续不断地研究和探索勘探，逐步深化地质认识和优选钻探目标，2011年7—9月，以古隆起震旦系—下古生界为目的层，位于乐山—龙女寺古隆起高石梯构造的风险探井—高石1井终于取得了乐山—龙女寺古隆起震旦系—下古生界油气勘探的重大突破——发现安岳气田灯影组气藏，在灯影组获得工业气流，灯二段测试日产气量为$102 \times 10^4 m^3$，灯四下亚段测试日产气量为$3.73 \times 10^4 m^3$，灯四上亚段测试日产气量为$32.28 \times 10^4 m^3$。2012—2014年期间部署完钻29口探井获工业气井22口，累计测试产气量为$1020.8 \times 10^4 m^3/d$，整体控制$7500 km^2$含气面积，提交三级地质储量$6456.01 \times 10^8 m^3$，展现出安岳气田灯影组巨大的勘探开发前景。图1-3所示为安岳气田震旦系灯四段气藏三级储量含气面积图。

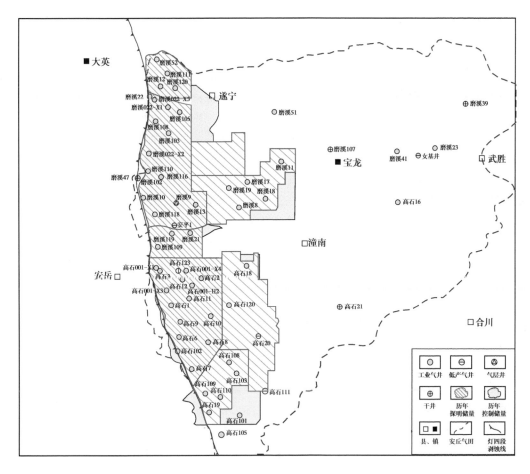

图 1-3 安岳气田震旦系灯四段气藏三级储量含气面积图

二、生产简况

气藏主要在灯四段开展试采评价。截至 2015 年底，高石梯—磨溪区块震旦系灯四段气藏投产 3 口井，均未见地层水。其中，高石 1 井于 2012 年 9 月 22 日灯四段和灯二段合层开采，间歇开采，井口油压 8.24MPa，日产气 $8.77 \times 10^4 m^3$，累计采气 $3002.74 \times 10^4 m^3$；高石 2 井于 2015 年 4 月 15 日试采灯四上亚段，井口油压 35.77MPa，日产气 $26.30 \times 10^4 m^3$，累计采气 $4785.15 \times 10^4 m^3$；高石 3 井于 2014 年 4 月 24 日试采灯四上亚段，井口油压 38.96MPa，日产气 $30.14 \times 10^4 m^3$，累计采气 $1.30 \times 10^8 m^3$，灯四段气藏日产气 $65.21 \times 10^4 m^3$，累计产气 $2.08 \times 10^8 m^3$。

第三节　气藏高效开发面临的主要问题

安岳气田震旦系灯四段气藏是国内外罕见的特大型超深古老微生物白云岩风化壳岩溶气藏，世界范围未见同类型气藏高效开发先例。虽然，气藏储层大面积发育、含气性好、资源潜力大，但是，微生物白云岩岩溶储层低孔隙度（小于 5%）且内部结构和渗流规律复杂，气井产能普遍较低（无效益井比例高达 71%），规模高效开发面临挑战。

一、国内外技术现状

通过文献调研发现，国内外震旦系气藏规模开发的实例非常少，威远震旦系气藏是国内典型的古老微生物白云岩风化壳岩溶储层底水气藏。该气藏于 1964 年发现，威远构造为一巨型穹隆状构造，震旦系气藏位于构造顶部，震顶构造断层较少，无大断层，主要以落差小、穿层少、延伸短的高陡小断层为主。震旦系储层低孔隙度、低渗透率，平均孔隙度 3.01%，平均渗透率 0.46mD。储集空间包括孔隙、溶洞和裂缝三种类型，对应 4 种储层类型，以裂缝—孔洞型储层为主。该气藏为背斜型块状白云岩"裂缝—孔洞型"含硫底水气藏，以顶部威 2 井产层中深（海拔 -2291m）计算，气藏原始地层压力为 29.53MPa，为常压气藏。经多方法复核，认为 1977 年上报的天然气探明储量 400×10^{8}m^3 较为准确；以 -2489m 为地层水顶界，计算地层水储量约 4.37×10^{8}m^3。截至 2014 年 8 月底，开发层系为灯二段，由于受底水侵影响，气藏投产气井 81 口，累计生产天然气 146.1×10^{8}m^3、产地层水 1829.3×10^{4}m^3，气藏采出程度为 36.5%。

国外的震旦系气藏为尤罗勃钦带油环凝析气田，位于俄罗斯东西伯利亚地区南部卡拉斯诺亚尔斯克州，在大地构造方面属于巴伊基特大型隆起区中部，属前文德纪古潜山隆起区，有利勘探面积 1.67×10^{4}km^2。在 1982 年 KO. 预探井在该古潜山隆起区西南部获得高产油气流。2004 年已钻探井 101 口，其中尤罗勃钦—维德莱舍夫大地区完钻探井和详探井 66 口，探井井距已达 4000~6500km，勘探程度相对较高。探明含油气面积约 3100km^2，探明石油可采储量约 4.0×10^{4}t，探明天然气储量约 3500×10^{8}m^3。按前文德纪占地貌形态为一个潜山隆起构造带。其顶部出露下元古界花岗岩，两侧出露不同时代元古界碳酸盐岩地层，并在顶部发育北东向和北北西向两组断裂带、相应分割为 5 个潜山断块降起，其西南部和中南部为一个面积较大碳酸盐岩古潜山圈闭、预测碳酸盐岩分布面积 1.3×10^{4}km^2。该潜山构造隆起带西南部（尤罗勃钦—维德莱含大）为一个上元古界里费系碳酸盐岩带气顶块状油气田。具有统一的油气界面（-2022m）和油水界面（-2072m）。上元古界里费系碳酸盐岩为该油气田主力产层，属于白云岩溶洞—裂缝性储层、放空漏失现象较为普遍，裂缝和溶洞储油为主，碳酸盐岩基质不含油气。裂缝性白云岩物性较好，总孔隙度 2%~3%，平均有效渗透率 422~647mD。最大渗透率可达 1170mD。油气产量与碳酸盐岩裂缝和溶洞发育程度有关，油井日产量一般为 50~197t，最高产量可达 500t 以上。该气藏储层非均质性强，以产油为主，同时因东西伯利亚地区自然环境恶劣，开发成本高，未大规模投入开发，因此未形成配套的开发技术。

此外，国内外针对风化壳岩溶气藏在岩溶发育特征、有利储层的展布范围、有利地质目标优选等方面都进行了一定程度的探讨，并有学者发明了"一种岩溶型碳酸盐岩储层布井方法"的专利技术，通过地质、地震、气藏工程综合划分出布井有利区，并给出了对应于不同单井产量的井距范围。但国内外目前尚无成熟的针对超深古老微生物白云岩风化壳岩溶气藏的开发部署模式。

尽管国内外在多重介质储层内流体流动规律和机理实验以及数值模型理论研究方面开展了许多工作，但对裂缝、溶洞、孔隙 3 种介质组合方式下的流体单相、两相甚至多相流动机制研究很少，如何有针对性地使多重介质岩心渗流机理实验及数值模型真实反映出地下的流动规律，并将实验结果应用到气藏开发生产实际中去，是今后的研究重点和发展方向。基质渗透率过低和缝洞发育复杂是造成碳酸盐岩储层产能评价困难的两个主要原因，可对现有产能方法进行改进或从不稳定试井解释入手解决碳酸盐岩储层产能评价问题。国内对于储量的评价主要包括经济评价法、技术评价法及综合评价法 3 类。经济评价方法是比较常用的方法，但对储量的评价和开发，尚无十分系统完善的研究方法与手段。

二、需要解决的关键技术问题

鉴于震旦系大型气藏开发实例极少，安岳气田震旦系灯四段气藏作为国内首个超深微生物白云岩岩溶气藏，在实现气藏高效开发方面仍存在诸多技术难点：

（1）微生物白云岩岩溶储层，储集空间以毫米—厘米级中、小溶洞为主，低孔隙度（$\phi<5\%$）、强非均质特征明显，已有岩溶气藏描述技术难以满足微生物白云岩小尺度缝洞储集体精细描述需求。微生物白云岩岩溶储层，丘滩体叠置关系复杂，岩溶强度差异大，形成机制复杂，储层类型多样；微生物白云岩储层小尺度缝洞发育的优质储层识别难，测井精细解释技术需攻关；气藏埋藏深，地震资料分辨率低，优质缝洞储层与非储层的岩性及地球物理特征相近，储层预测需攻关。

（2）气井高产控制因素不清：储层储渗类型多样，不同类型储层纵向多层叠置、横向变化大，非均质性强，气藏储量可动性不清；储层基质低渗透，孔隙、裂缝、小尺度溶洞多重介质组合多样，内部结构和渗流规律复杂，气井高产条件不明。

（3）气藏储量高效动用难：气藏埋深达 5000m，单井投资大，高产井模式不清，有效开发目标部署困难，获气井中 71% 气井无阻流量小于 $30\times10^4\mathrm{m}^3/\mathrm{d}$，开发仅处于边际效益水平，制约了气藏储量规模高效开发。

第二章

微生物白云岩岩溶储层特征及展布规律

四川盆地灯影组为典型的藻微生物岩，经历了长达 5.7 亿年的沉积演化及多期成岩作用叠加改造，形成了以毫米—厘米级的中、小溶洞为主的微生物白云岩岩溶储层，储层低孔低渗、非均质性强。本章主要针对深层低孔微生物白云岩小尺度孔洞形成机理不明难题，利用岩心描述、薄片鉴定、测录井资料、成像测井、分析化验等资料，建立了灯影组层序地层格架，灯四段自下而上可分为灯四^1、灯四^2、灯四^{3}小层，开展岩溶储层精细描述，明确储层基本特征及灯影组微生物碳酸盐岩类型，通过溶蚀实验明确了微生物沉积结构对小尺度孔洞岩溶储层形成的控制作用，揭示了微生物白云岩"丘滩控有无、岩溶控品质"的小尺度岩溶缝洞储层发育机理，明确了优质岩溶缝洞储层展布特征，认为硅质层、岩溶期断裂、丘滩有利微相、古地貌控制了溶蚀孔洞发育，建立了 5 类优质岩溶储层发育模式，形成了深层低孔强非均质性微生物白云岩岩溶储层描述方法。

第一节　灯四段层序结构划分

高磨灯四段残余厚度整体在 200~380m。根据岩心、测井及地震响应特征可将灯四段分为上、下两个亚段。首先，在灯四中部取心中，部分岩心见明显的风化剥蚀面标志，如高石 103 井见明显的岩性转换，在转换面位置存在一层风化壳标志的泥岩沉积（图 2-1）；又如高石 102 井取心在 5168.34m 处岩心可见风化壳沉积物及与喜氧菌有关的草莓状黄铁矿产出，为明显的风化暴露面，对应深度的测井也表现为明显的伽马值升高及电阻率上下趋势的变化。其次，将高石 103 井及高石 102 井取心见风化壳沉积物的深度在合成地震记录上标定为灯四段顶界向下第一个强轴，此强轴在高石梯—磨溪连续可追踪对比。再次，在沉积旋回上，灯四段上、下两个亚段由下至上均表现由藻丘或潟湖逐渐过渡为丘盖相的基本特征（表 2-1）。

基于以上的地层划分依据，利用新完钻井资料，进一步对灯四上亚段与灯四下亚段分布特征进行了精细刻画。通过研究表明，整体上灯四上亚段厚度在磨溪区块主要分布在 180~260m，高石梯区块主要分布在 60~140m，并表现出自西向东、自北向南厚度逐渐减薄的特征（附图 1）；灯四下亚段磨溪区块地层厚度主要分布在 77~98m，高石梯区块灯四下亚段地层厚度主要分布 140~250m，整体上表现出自南向北、自西向东地层厚度逐渐增厚的特征（附图 2）。

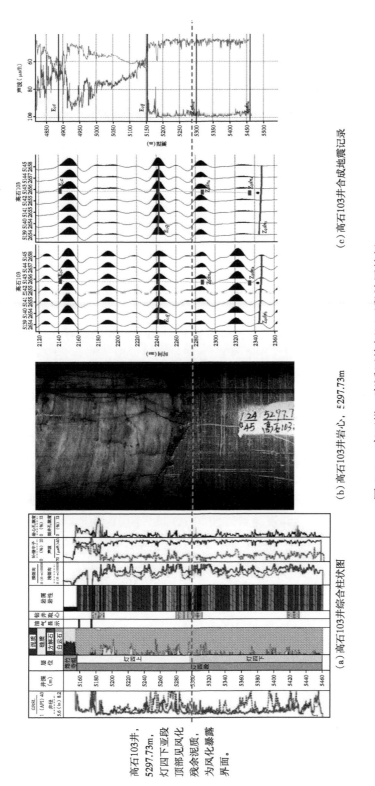

(a) 高石103井综合柱状图

(b) 高石103井岩心，5297.73m

(c) 高石103井合成地震记录

图 2-1 高石梯—磨溪区块灯四亚段地层特征

高石103井，5297.73m，灯四下亚段顶部见风化残余泥质，为风化暴露界面。

表 2-1　高石梯—磨溪区块灯四段地层特征及小层划分表

地层			开发小层	划分依据			
段	亚段	小层		特殊标志	岩性组合	电性特征	沉积旋回
灯四段	上亚段	二小层	灯四³	底部硅质云岩层	由下向上发育凝块云岩、叠层状藻云岩夹泥粉晶云岩→纹层状藻云岩、泥晶云岩	伽马低值，曲线平直，局部夹小齿状，顶部突变为高值；电阻率高值，大小齿间互	由下向上：发育丘、滩相→台坪相向上变浅旋回
		一小层	灯四²	—			
	下亚段	—	灯四¹	顶部风化残余泥质	由下向上发育泥晶云岩、泥质云岩→凝块云岩、藻砂屑云岩→泥粉晶云岩、纹层状藻云岩和泥质云岩	伽马低值，曲线小齿状，顶部普遍存在伽马相对高值段；电阻率高值，大小齿间互	由下向上：发育潟湖相→丘、滩相→台坪相向上变浅旋回

在灯四上、下亚段划分的基础上，研究发现灯四上亚段内部存在一层可对比的硅质（图 2-2），其特征为隐晶—微晶（图 2-3），并通过调研发现，整个上扬子台地在灯四段沉积晚期均发育一套热水成因的硅质，从元素分析结果可以看出，该套硅质岩沉积物与海底火山喷发有关（图 2-4），为深部热液成因。海底火山喷发作用释放的 SiO_2 溶解于海水之中，经过运移后，在低能环境下沉积，形成硅质岩，这套硅质在高石梯—磨溪区块均有分布。

由于这套沉积成因硅质岩稳定分布，且具有测井易识别、岩石较致密的特征，故以此硅质层的底部为界，将灯四上亚段自下而上划分为灯四上一小层和灯四上二小层。为方便开发现场工作使用，将灯四段分为 3 个开发小层，自下而上统一命名即灯四¹、灯四²、灯四³（表 2-1）。利用新完钻井资料对灯四² 与灯四³ 小层内的地层展布特征进行了细致的分析刻画。研究表明，灯四³ 经历长时间的岩溶、风化剥蚀，残余厚度较薄，灯四² 小层仅在局部区域遭受剥蚀，残余厚度较大。

高石梯—磨溪区块灯四² 遭受剥蚀量较小，地层相对保存完整，整体残余厚度为60~220m，磨溪 109 井—磨溪 21 井一线以北磨溪区块地层厚度较大，厚度 100~220m，以南高石梯区块厚度相对较薄，厚度 60~100m（附图 3）。

高石梯—磨溪区块灯四³ 桐湾Ⅱ幕及Ⅲ幕抬升，遭受长时间的岩溶、风化剥蚀，在磨溪 111 井—磨溪 116 井—磨溪 109 井—高石 7 井—高石 109 井一线以西被剥蚀殆尽，磨溪区块仅磨溪 110 井区与磨溪 022-X1 井区局部残余 10m 左右；以东残余厚度逐渐增大，在磨溪区块 022-X12 与 022-H23 井区、高石梯地区高石 001-H11—高石 001-X24 井区厚度局部增厚，高石 3—高石 8 井区厚度较大在 40m 左右，磨溪 10—磨溪 8 井区最厚达 80m左右（附图 4）。

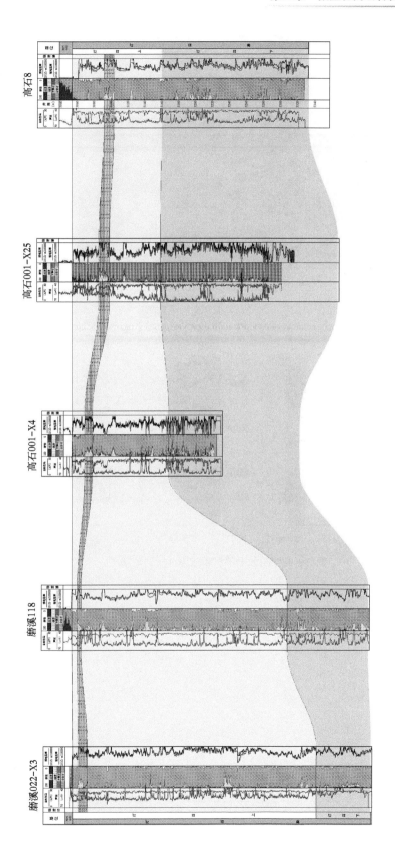

图 2-2　灯四段内部小层划分对比剖面图

(a)高石2井薄片照片，5010.17m，硅质泥晶白云岩

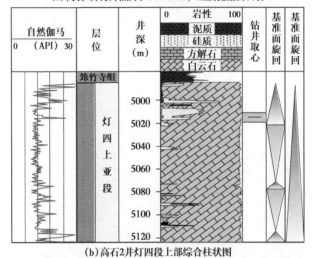

(b)高石2井灯四段上部综合柱状图

图2-3 灯四段上部沉积成因硅质岩特征

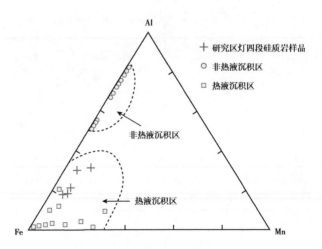

图2-4 硅质岩Al—Fe—Mn三角图

第二节　灯四段岩溶储层特征

前人针对不同的岩石类型、构造部位和构造运动作用的差异性，研究建立了碳酸盐岩岩溶储层发育机理和模式，并开展储层描述工作。然而，四川盆地灯影组藻云岩是典型的微生物岩，在沉积之后的 5.7 亿年间经历了超长时间的埋藏演化和复杂成岩作用叠加改造，形成了现今的储层面貌，储集空间以毫米—厘米级中、小溶洞为主，具有低孔隙度（小于 5%）、强非均质、连续性差的特征。储层的发育机理与传统碳酸盐岩岩溶储层有着明显的差异。针对微生物白云岩小尺度孔洞形成机理不明的问题，攻关团队通过溶蚀实验和岩心、测井精细分析，明确了微生物沉积结构对小尺度孔洞岩溶储层形成的控制作用，揭示了微生物白云岩"丘滩控有无、岩溶控品质"的小尺度岩溶缝洞储层发育机理，建立了 5 类优质岩溶储层发育模式，指导了微生物白云岩岩溶储层描述，为气藏开发有利区优选奠定了基础。

一、储集岩性特征

通过对高石梯—磨溪区块灯四段取心及岩屑常规薄片鉴定分析结果表明，研究区灯四段最有利的储集岩类主要为富含菌藻类的藻粘结砂屑云岩、藻纹层云岩、藻凝块云岩和藻叠层云岩（附图 5）。

二、储层物性特征

据安岳气田高石梯—磨溪区块灯四段岩心样品实测物性资料统计，储层段 1013 个岩心小柱塞样品孔隙度主要集中分布在 2%~5% 之间，最大孔隙度为 17.84%，平均孔隙度为 3.87%。依据 GB/T 26979—2011《天然气藏分类》，按照气藏孔隙度分类属特低—低孔储层；渗透率主要分布在 0.0001~1mD 之间，最大渗透率为 91mD，平均值为 0.51mD；储层岩心全直径样品水平方向渗透率主要分布在 0.01~1mD 之间，最大渗透率为 7.82mD，平均值为 2.89mD。依据 GB/T 26979—2011，按照气藏渗透率分类，介于 0.1~5mD 之间，属低渗透储层。含水饱和度介于 2.17%~89.56% 之间，平均为 23.26%。

三、储集空间特征

据岩心、薄片、铸体薄片、电镜扫描资料，高石梯—磨溪区块灯四段储层的储集空间类型以溶洞、次生的粒间溶孔、晶间溶孔为主（图 2-5）。

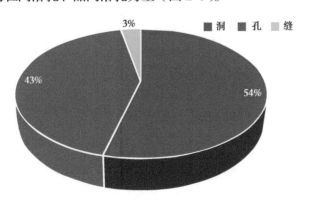

图 2-5　高石梯—磨溪区块灯四段储集空间饼状图

（一）孔隙

通过薄片观察，高石梯—磨溪区块灯四段孔隙类型以次生的粒间溶孔、晶间溶孔为主（附图 6）。

（二）溶洞

通过薄片观察，高石梯—磨溪区块灯四段溶洞类型以中、小溶洞发育为主，溶洞多为扁圆形顺层分布。统计岩心中溶洞数量及大小发现，高石梯区块和磨溪区块溶洞均以 2~5mm 的小洞数量最为发育，占总量的 75% 以上，5~20mm 的中洞数量次之占总量的 15% 左右，大于 20mm 的大洞数量最少仅占 6.1%。CT 扫描照片分析结果表明，岩心溶洞大小在 2~30mm 之间，以 2~3mm 的小溶洞为主，形状多为扁圆形、条带状，不同程度填充，溶洞占截面面孔率的 50%~70%，溶洞配位数低，在 1~2 之间；不同截面面孔率具有较大差异，表现出极强的非均质性，洞孔隙度占总孔隙度 70% 左右。

四、孔喉结构特征

利用薄片和扫描电镜等分析实验方法，分析了灯四段储层喉道类型及特征，主要以缩颈喉道和片状喉道为主，孔喉分选较好，喉道以中—小喉道为主（附图 7），3% 以下储层最大进汞饱和度小于 50%。

五、裂缝发育特征

根据岩心观察，裂缝在灯四段中普遍发育，主要为构造缝、压溶缝和扩溶缝。岩心观察统计，缝密度为 1.5~7.6 条 / m，发育程度总体较高，构造缝断面一般比较平直，多以高角度缝出现；溶缝一般经过淡水或地下水的溶蚀，缝壁不平直且呈港湾状，甚至有溶孔串接，但溶缝普遍被沥青或白云石半充填，压溶缝主要为缝合线，内普遍充填泥质，对渗流贡献小。

根据裂缝充填情况及相互切割关系将微裂缝划分为 5 期（附图 8）。第一期破裂作用发生在早成岩阶段，破裂作用相对较弱，数量少，多数被扩溶，裂缝边缘多为港湾状，且充填沥青及渗流粉砂等，往往被后期裂缝切割。第二和第三期发育于液态烃充注之前，这类裂缝数量较多，且可见相互切割裂缝中见沥青充填。第四期发生于晚成岩晚期气态烃阶段，该类裂缝有一定的量，几乎未被充填，切割早期裂缝。第五期裂缝切割前四期裂缝，并切割晚期沥青，镜下较常见。第一期裂缝几乎全部充填白云石、沥青或渗流粉砂，对储集空间几乎没有贡献；第二和第三期裂缝较多，且多为沥青充填，对古油藏的运聚形成有重要意义；第四和第五期裂缝几乎未被充填，对气藏形成及储层的渗流能力有重要作用。

第三节　微生物白云岩岩溶储层发育机理

在藻微生物丘对岩溶储层的控制作用研究上，前人针对灯影组藻云岩岩溶的研究主要从白云岩表生岩溶与石灰岩表生岩溶存在巨大差异出发，对岩石结构本身的可溶性特征和古地貌差异进行分析，对白云岩风化壳岩溶特殊性有了较为深入的认识。攻关团队在此基础上，通过对灯影组藻微生物丘的岩石组构、成像特征、孔隙结构等进行分析，研究微生物蓝藻细菌粘结结构对溶蚀作用的影响，从而建立了微生物白云岩孔隙系统与微生物岩的沉积结构关系评价图版，并结合可溶性对比实验，揭示出藻微生物丘优质储层的形成机理。

一、藻微生物丘岩性

微生物岩的定义为"由于底栖微生物群落捕获和粘结碎屑物质，或者形成利于矿物沉淀的基座，从而导致沉积物聚集形成的有机成因沉积岩"[1]，它不仅是研究古环境古气候和地质历史事件的重要材料，还是潜在的油气储层，是近年来国内外相关学者研究的热点之一。Riding 依据宏观组构将微生物碳酸盐岩划分为叠层石、凝块石、树形石和均一石 4 类[2]；梅冥相补充了核形石和纹理石；针对宏观组构模糊、难以归为上述类型者[3]，韩作振等补充了附枝菌格架岩类型[4]。按照微生物岩分类特征，四川盆地灯影组各类含藻云岩为典型微生物碳酸盐岩，它们均由镜下呈丝状的蓝藻细菌粘接岩石矿物形成，主要为藻纹层、藻叠层、藻凝块和藻砂屑等 4 类岩性。

二、藻生物丘白云岩组构对岩溶作用的影响

藻生物丘沉积可形成微型、中型、大型和巨型等不同规模的沉积组构，这些组构影响了孔隙的大小及空间分布。比如，核形石微生物作用形成致密包壳层后可阻止后期大气淡水等流体溶蚀核心，从而抑制铸模孔形成；凝块石中凝块的大小、分选、排列等沉积结构的差异可导致不同凝块石孔隙度相差十余倍、渗透率相差两个数量级；包壳状凝块石白云岩中可能以孤立溶孔为主，而泡沫绵层叠层石白云岩，则可能发育顺层分布的窗格孔。

通过大量实钻井岩心资料，对研究区微生物储集岩的岩心特征和成像特征和孔隙结构等进行统计分析，建立了微生物白云岩孔隙系统与微生物岩的沉积结构关系。藻微生物丘对小尺度孔洞发育及保存的影响主要表现为以下 4 种类型：（1）储集岩为藻凝块云岩，岩心上孔洞呈蜂窝状发育，大小不均一，成像测井图像上呈明显黑色斑块，斑块分布杂乱，且储集空间类型主要为粒间孔、晶间孔，溶洞发育；（2）储集岩为藻砂屑云岩，岩心上小孔洞发育，成像测井图像上在黄色底板上出现较均匀斑块，且储集空间类型为粒间孔；（3）储集岩为藻叠层云岩，岩心上顺层状溶洞发育，成像测井图像上黑色斑块呈条带状发育，且储集空间类型为格架孔发育，呈顺层状；（4）储集岩为藻纹层云岩，岩心上顺层状溶洞少量发育，成像测井图像上可见少量黑色条带，且储集空间类型为顺层状溶孔少量发育。

三、藻生物丘白云岩差异溶蚀评价

前人的实验结果表明，碳酸盐岩的溶蚀作用主要受到温度、压力和水溶液介质条件（统称为岩溶环境）的影响，在不同的岩溶环境中碳酸盐岩溶蚀速率表现出一定规律的变化；在同样的环境条件下，由于岩石成分（白云岩和石灰岩的相对含量）和结构（颗粒大小、结晶程度、裂缝发育情况等）的不同，其溶蚀速率也呈现明显的差异。碳酸盐岩由于岩溶环境和岩石成分、结构等因素导致的溶蚀率的差异，称为差异溶蚀，它是碳酸盐岩优质储层形成的主要机制。

（一）方解石与白云石差异溶蚀评价

据侯方浩（2005）的研究，矿物链强度大，则晶格能大，结晶力强，硬度大，相对密度大，在相同的外在因素作用下，其稳定性就高[5]。由白云石和方解石一些基本参数对比可以得知，由于 Ca^{2+} 的离子半径为 $1.01×10^{-10}$ m，而 Mg^{2+} 的离子半径较小，为 $0.75×10^{-10}$ m（仅为 Ca^{2+} 的离子半径的 74.26%），因此，镁离子与氧离子间的间距（$2.08×10^{-10}$ m）小，链强度大，晶格能就大，亦就是结晶力强，离子间链就不易破坏，晶体稳定性就大。相反钙离子与氧离子的间距（$2.36×10^{-10}$ m）大，在相同的因素作用下，离子链就容易被破坏。另外，白云石的晶胞体积小于方解石，那么单位体积内白云石的晶胞数就比方解石多，这就导致白云石的相对密度（2.8~2.9）较方解石的（2.6~2.8）大；白云石的莫氏硬度（3.5~4.0）也比方解石的（3.0）高。相比之下方解石的稳定性要比白云石低，即在相同的外界因素的作用下，方解石的可溶性较白云石大，这就是为何方解石在5%酸中强烈起泡，而白云石则不起泡的原因所在（表2-2）。

表2-2　白云石和方解石部分参数比较（据侯方浩，2005）

矿物	成分标准式	相对密度	莫氏硬度	离子半径（10^{-10}m）	晶胞体积（10^{-10}m³）	离子间距（10^{-10}m）
白云石	（Ca, Mg）CO₃	2.8~2.9	3.5~4	Ca^{2+} 为1.01 Mg^{2+} 为0.75	323.580	Mg—O 为2.08 Ca—O 为2.36
方解石	CaCO₃	2.6~2.8	3	Ca^{2+} 为1.01	367.8584	

纯白云岩与纯灰岩一样，若在沉积时由于化学胶结导致物性很差，对于这类碳酸盐岩（即使是生物礁灰岩），也不能发生差异溶蚀，当有溶蚀流体流过时，只能形成面状溶蚀，形成大的洞穴；但不能形成针状孔隙性储层，这类储层的典型代表就是塔河油田的碳酸盐岩储层，同时塔里木盆地丘里塔格群孔隙极不发育的白云岩则是另一个典型的例证。

在地层温压条件和各种酸性溶液介质中，由于石灰岩与白云岩成分的差异，石灰岩的溶蚀率均高于白云岩，含云质高的岩性也比含云质低的难溶，过渡岩性（灰质白云岩），由于灰质成分被"优先"溶蚀，使得白云岩变得更纯。所以，我们经常看到的白云石的粒间孔，其实大多情况下并不是白云岩被溶蚀后形成的，而是其中的灰质成分被"差异"溶蚀后留下白云岩"骨架"。这种"优先"溶蚀或"选择性"溶蚀其实就是差异溶蚀，是白云岩优质储层形成的主要机制。

此外，在任何温度条件下，白云岩的溶解速率均小于石灰岩，同时过渡岩类中含白云质高的岩石溶解速率低于含白云质低的岩石，由于比表面积总量大，溶蚀率最高的是泥晶组构（表2-3）。因此，在早期沉积或准同生期形成的白云岩不是纯白云岩，而是含有一定量的碳酸钙，那么这类碳酸盐岩就可能通过差异溶蚀作用形成针孔状储层，若碳酸钙含量接近50%，溶蚀得越彻底则可以形成类似糖粒状白云岩储层，普光气田飞仙关组的白云岩储层则应是这种差异溶蚀的结果。

表2-3　不同类型碳酸盐岩在不同温度下的溶蚀实验结果（据侯方浩，2010）

温度（℃）	溶蚀率（‰）					
	鲕粒白云岩	泥晶白云岩	泥晶灰质白云岩	泥晶白云质灰岩	鲕粒灰岩	泥晶灰岩
25	5.09	6.84	9.83	12.53	13.04	13.2
60	5.42	8.91	11.78	14.58	15.78	16.25
90	5.35	9.52	12.57	14.42	15.52	15.89
120	4.98	7.75	11.15	10.85	12.52	12.44
150	2.92	4.96	9.34	7.42	8.45	8.25
260	0.43	1.26	1.43	0.68	2.55	2.4

注：用于溶蚀实验样品干重均为10kg。

（二）藻含量及组构差异溶蚀评价

通过对灯影组中藻含量大于50%、50%左右和小于10%的藻云岩进行溶蚀模拟实验表明，藻生物丘因藻含量及组构差异而造成溶蚀差异。镜下溶蚀观察可以看出，在成分上含藻云岩中主要发生溶蚀的成分是其中较干净的白云石，可见明显的溶蚀扩大现象，而藻类粘结包裹的白云石溶蚀程度整体较低。在定量分析方面，通过对不同含藻量样品进行不同溶蚀时间段的溶蚀量进行称重可以发现，在相同的溶蚀时间内，藻含量较高的样品溶蚀后质量减轻最小，溶蚀速率最低。

在此基础上，进一步结合不同藻含量岩类的物性统计可以看出，藻含量最高的藻叠层云岩平均孔隙度达4.35%，明显高于其他类型的云岩，同时藻含量相对较高的藻砂屑云岩、藻凝块云岩和藻纹层云岩的孔隙度整体也高于其他类型云岩。综上分析认为，灯影组云岩中正是随着藻含量的增加，白云岩发生表生溶蚀后，由于藻类的存在，增加了白云岩的岩石骨架强度，有利于岩溶缝洞的保存，最终形成了现今灯影组岩溶缝洞储层多发育于藻含量较高的储层的面貌。

第四节　岩溶储层展布特征及发育模式

一、岩溶储层展布特征

通过对高石梯—磨溪地区优质储层的展布特征进行分析表明，纵向上，磨溪区块优质储层集中在震旦系顶部向下100m内的灯四^{2}与灯四^{3}小层表生岩溶带内，一般发育3~14层储层，单层厚度一般为1~10m，累计厚度为15~71m，平均为43m。高石梯地区灯四段受表生岩溶与海岸岩溶作用共同控制，灯四^1、灯四^{2}与灯四^{3}小层中优质储层均发育，灯四^{2}与灯四^{3}小层中，一般发育储层4~10层，单层厚度为5~28m，累计厚度为30~95m（附图9）。平面上，磨溪区块灯四上亚段优质储层主要集中在磨溪52-22-108井区和磨溪9-13-19井区，高石梯地区优质储层主要集中在高石3井区、高石2井区、高石9-高石8井区（附图10）。

同时，在以往的研究过程中已经发现灯四下亚段中存在优质储层，但其发育规模与灯四上亚段，尤其是近震旦系顶部区域的表生岩溶作用带相比，在规模与质量上存在着差异。通过最新的研究表明，灯四下亚段中的这套储层主要受沉积作用与海岸型岩溶作用控制主要发育在高石梯高石 9 与高石 3 井区，并具有明显的向台内变薄的特征（附图 11）。

二、微生物岩岩溶模式建立

已有研究表明，高石梯—磨溪地区灯四段主要成岩作用可分为压实与压溶作用、胶结与充填作用、白云石化作用、溶蚀作用、重结晶作用和构造破裂作用六大类，其中压实与压溶作用、胶结与充填作用是破坏性成岩作用，白云石化作用、溶蚀作用、重结晶作用和构造破裂作用是建设性成岩作用。其中，溶蚀作用是形成灯四段优质储层的最主要的成岩作用。碳酸盐岩对不饱和流体较为敏感，流体会对碳酸盐岩产生强烈的溶蚀作用。溶蚀作用对碳酸盐岩地层具有双重影响，一方面导致碳酸盐岩组构发生变化，形成新的储集空间；另一方面，溶蚀的化学和机械产物会在适应的介质条件下堆积下来，充填孔隙，不利于孔隙的保存。但是总体看来，在碳酸盐岩储层中，溶蚀作用对储层的建设性作用远大于破坏性作用。但关于溶蚀作用类型、识别标志，溶蚀作用机理，溶蚀作用发育规律等依然存在较大争议。

（一）岩溶作用类型

根据溶蚀作用发生的先后顺序、持续时间、特征、影响因素以及与储集空间的关系等，可将高石梯—磨溪区块灯影组灯四段储层根据所发生的溶蚀作用类型分为早期滨岸岩溶、准同生期岩溶、表生期岩溶和埋藏期岩溶 4 种类型，不同类型的溶蚀作用，对储集空间的贡献也各不相同。

结合新完钻开发井的实钻分析认为灯四段主要受到过 4 种类型 3 个期次的岩溶作用（表 2-4）。第一期次为灯四下亚段沉积后，高石梯地区在灯四下亚段沉积后沉积古地貌较高，其顶部受到了一定程度的表生岩溶作用影响；与此同时受海平面变化作用影响，其内部发生多层次海岸性岩溶储层。第二期次为桐湾Ⅱ幕运动时期，灯影组整体抬升发生表生岩溶剥蚀作用。第三期次为麦地坪组沉积后，桐湾Ⅲ幕构造运动使得灯影组再次整体抬升剥蚀，这次岩溶作用导致高石梯—磨溪地区麦地坪组大面积剥缺，最终由于两期表生岩溶作用的叠加在高石梯—磨溪地区灯影组顶部形成了物性极佳的岩溶风化壳储层。因此，岩溶结构的研究对探究高石梯—磨溪地区岩溶模式至关重要。

表 2-4 岩溶作用类型特征表

特征	早期滨岸岩溶	准同生岩溶	表生期岩溶	埋藏期岩溶
岩溶序列	早期顺层岩溶	早期暴露层间岩溶	表生期	古风化壳埋藏之后
暴露机制	沉积间断	沉积间断	不整合面	构造运动
位置	灯四段距台缘边界 10km 以内	灯四段内部	距风化壳顶往下 200m 以内，或稍深	距古风化壳各种距离，可深可浅
水来源	大气淡水或混合水淋滤	大气淡水或混合水淋滤	地表淡水渗流或地下水潜流	冷热淡水酸性水
溶蚀方式	组构选择	组构选择	有或无组构选择	沿断裂附近前期未完全充填孔、洞、缝溶蚀
形成的储集空间	溶蚀孔、洞、缝	针孔	大量溶蚀孔、洞、缝	少量溶蚀孔、洞、缝
储层发育及分布	溶蚀孔、洞、缝局部发育	零星低渗透储层	溶蚀孔、洞、缝连片发育	靠断裂发育溶蚀孔、洞
构造幕	桐湾Ⅰ幕、桐湾Ⅱ幕之前	桐湾Ⅰ幕、桐湾Ⅱ幕之间	桐湾Ⅱ幕、桐湾Ⅲ幕	桐湾期以后

（二）岩溶发育模式

综合高石梯—磨溪区块沉积微相、岩溶分带、古地貌刻画研究，结合地震有利岩溶带识别分析，认为硅质层、岩溶期断裂、丘滩有利微相、古地貌四者控制了溶蚀孔洞发育部位和区域，建立了研究区5种主要的岩溶发育模式（图2-6）。（1）藻丘+残丘模式：主要发育于藻丘发育的古地貌高部位，由于古地貌高部位岩溶流体流动速率较斜坡带相对放缓，因此该位置处的硅质层及其下伏地层往往未被剥蚀，因此硅质层之下往往岩溶储层不发育。但硅质层之上的地层由于受到了较好的岩溶作用，因此岩溶储层整体发育。（2）藻丘+坡折带+断裂模式：主要发育于藻丘发育的斜坡地带，硅质层未被剥蚀，硅质层之上残余了薄层的地层。但此类区域发育有岩溶期断层，使得岩溶流体得以借断层通过硅质层进入其下部地层中发生溶蚀作用，最终在硅质层上下的地层中均形成较好的岩溶储层，但硅质层之上的地层被剥蚀程度高，相应的储层也较薄。（3）藻丘+残丘+断裂模式：此模式是在藻丘+残丘模式地质背景的基础上发育岩溶期的断裂，表生岩溶作用一方面在近地表的硅质层上覆地层中发生溶蚀，同时也通过断层进入硅质层下部的地层中发生溶蚀作用，最终在硅质层上、下均形成良好的储层，且硅质层上、下的储层发育厚度均较大。（4）藻丘+剥缺坡折带模式：多发育于藻丘发育的坡折带地带，由于岩溶流体将坡折带整体剥缺，岩溶流体继续溶蚀下部地层，最终在下部残留的地层中形成了良好的岩溶缝洞储层。（5）藻丘+残丘+断裂潜流岩溶模式：此模式是在藻丘+残丘模式地质背景的基础上发育岩溶期的断裂，岩溶流体通过断层进入下部的地层中发生溶蚀作用，由于此处岩溶流体多为水平缓慢运移，形成较多近水平向的溶蚀孔洞层，洞的大小不一。

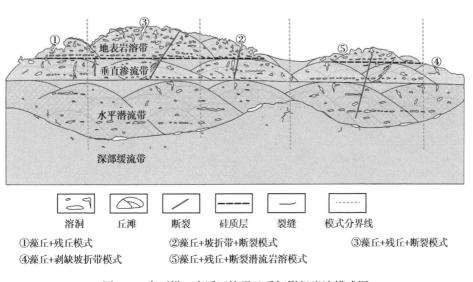

图2-6　高石梯—磨溪区块震旦系灯影组岩溶模式图

针对四川盆地安岳气田震旦系灯影组微生物白云岩小尺度孔洞形成和保存机理机制不明确，现有认识难以支持储层分布规律的特点，利用精细岩心描述、薄片鉴定、测录井资料、成像测井、分析化验资料等方法和手段对研究区微生物碳酸盐岩沉积特征、丘滩体展布特征、储层特征等方面进行研究，建立了灯四段等时地层格架，灯四段自下而上可分为灯四^1、灯四^{2}和灯四^{3}小层；井震结合明确了高石梯—磨溪区块台缘带与台内分界线，并建立了高石梯—磨溪区块沉积相模式和丘滩体展布特征；恢复了研究区岩溶古地貌，划分出岩溶高地、岩溶斜坡、岩溶洼地三个二级岩溶地貌单元，并建立了研究区垂向岩溶带模式，明确了距震旦系顶部100m内的第一潜流带溶蚀孔洞最为发育，是最有利的岩溶带；形成微生物白云岩差异溶蚀评价方法，明确藻微生物格架是毫米—厘米级溶洞在表生期得以保存的关键；建立了灯四段优质储层划分图版，其中，孔洞型和裂缝—孔洞型储层为相对优质储层。同时，创新形成微生物白云岩岩溶储层多因素精细描述技术，解决了优质岩溶储集体空间展布及精细刻画难题，明确优质储集体空间分布。

第三章

超深岩溶缝洞储层地震预测技术

本章针对四川盆地高石梯—磨溪区块下古生界震旦系灯影组四段岩性复杂、缝洞尺度小、储层非均质性强等储层地质特点，为满足开发生产中对储层精细描述需求，在三维连片区地震资料的处理、丘滩体刻画、缝洞预测、储层预测方面进行了深入研究，创新形成了超深层碳酸盐岩高分辨率与高精度处理技术、超深层丘滩体刻画技术、超深层小尺度岩溶缝洞储层地震精细预测技术，解决了震旦系灯影组四段存在小尺度缝洞型薄储层地震识别和预测难题，实现了储层定性定量精细预测研究，明确了岩溶储层平面和空间展布特征和规律。

第一节　超深碳酸盐岩高分辨率与高精度处理技术

小尺度岩溶缝洞型储层预测，关键是要提高地震资料品质，提供优质地震数据，提高目的层主频及频带宽度，可实现丘滩体和储层的精细识别需求。超深层地震处理主要面临两个方面难点：（1）灯影组埋藏深、地震信号弱，目的层分辨率较低，需要在保真保幅基础上提高目的层分辨率和低幅构造成像精度；（2）拼接区域为不规则区域，如何减小拼接区域的痕迹，确保拼接资料面貌一致。针对处理重点和难点，采取以下主要技术对策：（1）结合前期资料处理经验，合理利用微测井资料，区内三维统一进行约束层析静校正计算，提高表层静校正量的精度及实现连片处理；（2）认真分析原始资料的品质及各类干扰，针对不同噪声，进行保真保幅组合噪声压制；（3）密切与地质、钻井资料结合，在确保一定信噪比情况下合理有效提高资料分辨率；（4）做好叠前偏移数据准备及数据规则化处理，借用连片速度场，确保拼接位置速度一致。在保真、保幅、保持分辨率的前提下进行低频保护处理，包括高精度静校正、各向异性叠前速度建模等，完成叠加、叠前时间偏移处理，处理流程如图 3-1 所示，形成了综合连片静校正技术、叠前精细去噪技术、连片一致性处理技术、提高分辨率处理技术、各向异性叠前时间偏移技术。技术应用后处理成果剖面主频达 37~40Hz，频宽 5~75Hz。同相轴聚焦成像好，断点清楚，信噪比及纵横向分辨率较高，为储层和断裂精细预测提供了高质量地震数据，有助于提高储层及裂缝的刻画精度。

一、综合连片静校正技术

为了充分利用大炮初至，加以微测井资料约束反演近地表速度模型，提高近地表反演的精度。以此解决低降速带变化引起的低频静校正问题。利用初至折射剩余静校正解决低降速带变化引起的高频静校正问题，再用地表一致性剩余静校正解决剩余时差。由于该区资料中浅层资料信噪比较高，地腹构造起伏较小，剩余静校正处理比较容易解决[6]，所以重点攻关在约束层析静校正方面。采用连片层析静校正技术，层析静校正后剖面成像更加聚焦，同向轴横向连续性更好（图3-2）。

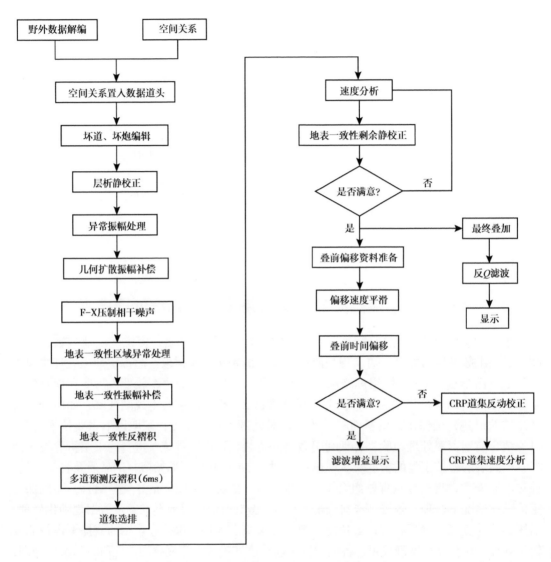

图3-1　超深碳酸盐岩高分辨率与高精度处理流程

二、叠前精细去噪技术

原始单炮记录上的干扰波主要表现为面波、异常振幅干扰、交流电干扰。为了有效压制干扰波，提高剖面信噪比，又不破坏振幅相对关系，采取从强到弱，从规则到不规则的顺序压制工区内的各类噪声，每个噪声压制步骤都是和其他处理步骤环环相扣的，异常大振幅干扰会影响后续相干干扰的估算，各类噪声又会影响后续振幅补偿的能量分析，也会影响后续提高分辨率和偏移处理。

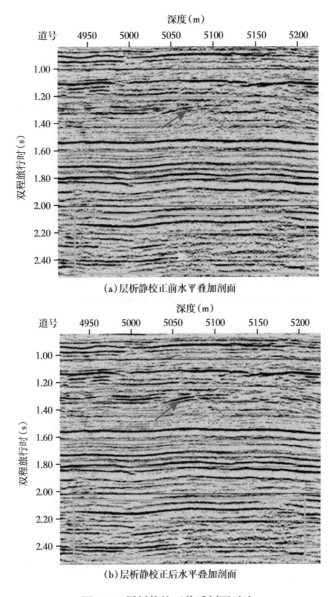

(a)层析静校正前水平叠加剖面

(b)层析静校正后水平叠加剖面

图 3-2　层析静校正前后剖面对比

（一）异常振幅压制

异常振幅干扰主要是由于在野外施工中机械及人为振动产生的脉冲噪声，在资料中表现为：随机性振幅大，叠加时对有效信号有较强的压制作用，产生假振幅，造成同相轴扭曲，如果不加以压制剔除，将严重影响保幅处理的效果，偏移成像处理时会出现画弧现象，不能使构造正确归位，可能产生假构造[7]，所以必须进行压制。

（二）线性噪声压制

压制线性噪声将在很大程度上提高资料的信噪比[8]，线性噪声压制是此次噪声压制工作的重点。在去除异常大振幅干扰的基础上进行线性噪声的压制，消除了强能量的异常干扰影响，对线性噪声的估算会更加准确，针对不同线性噪声的特点，采取分频率、分速度的方式压制，线性噪声压制后再一次对残留的异常噪声进行压制，进一步提高资料信噪比。去噪前单炮上的面波、异常振幅等干扰严重，去噪后噪声均得到较好压制，去噪后单炮信噪比明显提高，噪声中不含有明显有效信号（图3-3）。

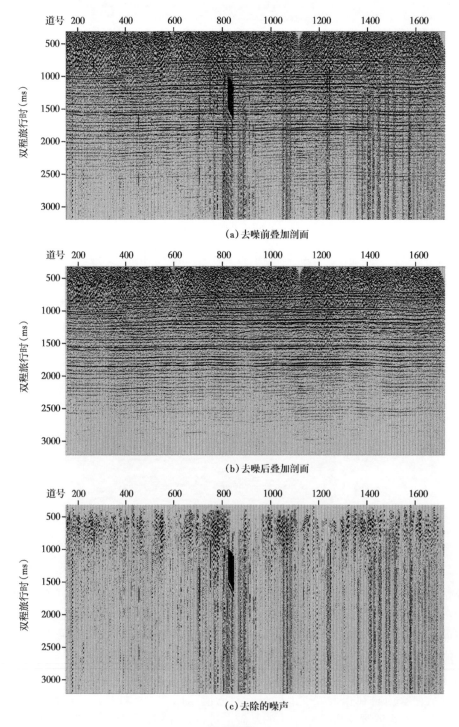

(a) 去噪前叠加剖面

(b) 去噪后叠加剖面

(c) 去除的噪声

图3-3　噪声压制前后叠加剖面

测区内多次波发育，严重影响资料信噪比，对于后期的准确速度分析及偏移速度场建立带来较大难度，处理过程中对多次波在 CMP 域采用拉东变换方法进行了针对性压制，将经过 NMO 校正后的道集数据由 T-X 域转换到 T-P 域，根据一次波与多次波的能量差异进行衰减，再返回到 T-X 域。该方法的优势是对近道的低频信息几乎不损失，不产生假频。从速度谱上可以看到有效波的能量得到加强，有利于拾取准确的速度。在道集上拉东变换较好地衰减了中远道的多次波。

三、连片一致性处理技术

（一）纵向振幅补偿

　　在野外采集过程中，地震波的振幅随着传播距离增大而衰减，从而导致原始单炮记录上近道、远道以及浅层、中层、深层能量在时间和空间上的变化[9]。为消除这些因素影响，利用 VSP 资料求取补偿因子，采用时间函数增益对纵向能量进行补偿（图 3-4）。时间函数振幅补偿具有以下一些特点：具有压制浅层、补偿深层的特点，它正好可以用来压制浅层强能量，补偿深层弱能量，还能保持上下振幅的相对大小关系。纵向振幅补偿可以使地震数据浅层、中层、深层的能量趋于一致，能量关系更加合理。

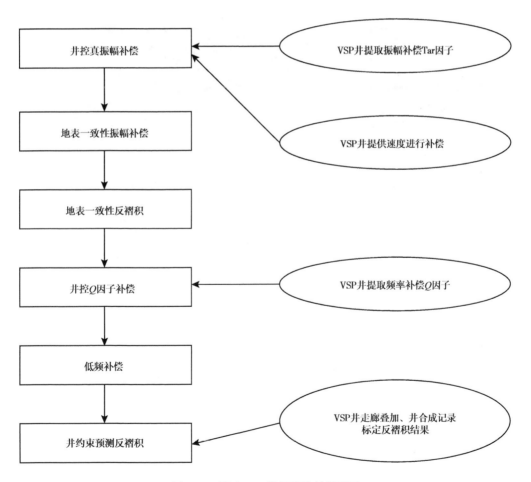

图 3-4　利用 VSP 资料提取补偿因子

（二）横向振幅补偿

横向上由于横向地表激发接收条件的影响，使地震资料各炮各道的横向能量不一致。因此在纵向时间函数补偿的基础上，进行地表一致性振幅补偿处理，该方法根据地表一致性原理，在合理的时窗内，分别在共炮点域、共检波点域、共反射点域和共偏移距域4个域中，求出各道补偿因子，进行补偿，消除由于地表因素造成的炮点之间、检波点之间能量的差异。

四、提高分辨率处理技术

充分利用工区内零井源距 VSP 资料，采用累计频谱比法求取 Q 模型，用最佳 Q 值模型对全区地震资料进行吸收衰减补偿处理，有效提高了地震剖面的分辨率。图 3-5 是 Q 补偿前后的叠加剖面及与合成记录标定情况，从叠加剖面与高石 1 井的合成记录吻合情况来看，补偿后不仅大套地层能很好地与合成记录吻合，目的层也吻合得很好。从目的层频谱来看，补偿后频带得到拓宽，主频提升到 35Hz 以上，分辨率得到提高，与攻关成果保持一致。

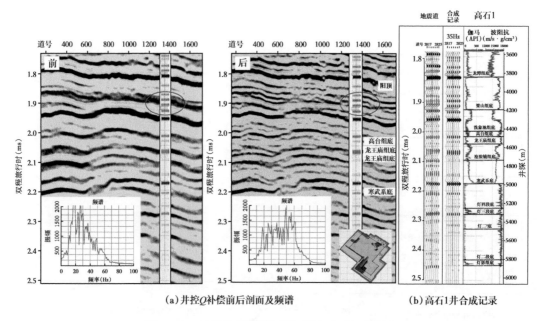

(a) 井控 Q 补偿前后剖面及频谱   (b) 高石1井合成记录

图 3-5 Q 补偿前后的叠加剖面及与合成记录标定

五、各向异性叠前时间偏移技术

各向异性叠前时间偏移可一定程度上消除介质各向异性的影响，进一步提高地震资料的成像精度，断点、断面更加清晰，层间接触关系更加清楚，并且可解决用于叠前反演的 CRP 道集受各向异性影响大炮检距数据校正过量的问题[10]。当入射角增大时，各向同性道集上远偏移距同相轴不能拉平，通过各向异性因子 Eta 值引入（图 3-6），各向异性道集上翘的同相轴得到拉平，同相轴聚焦成像较好，剖面同向轴横向连续性得到改善（图 3-7）。

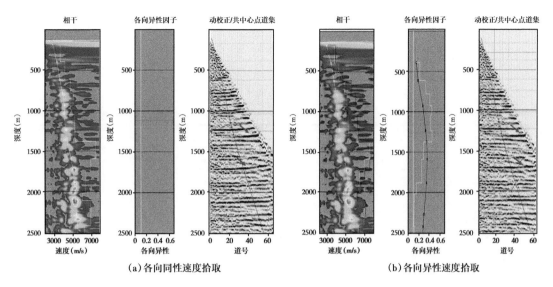

图 3-6　各向异性因子 Eta 速度拾取

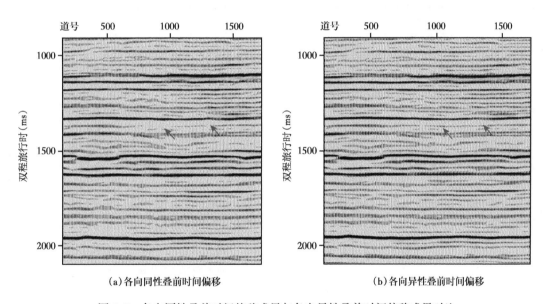

图 3-7　各向同性叠前时间偏移成果与各向异性叠前时间偏移成果对比

第二节　超深丘滩体精细刻画技术

基于单井识别结果与生物丘剖面展布特征，开展正演模拟。本技术主要思路是，丘滩储层预测与滩体雕刻采用了由定性到定量逐步推进的研究主线，总体由以下几个技术环节组成：(1) 以地震正演对预测方法进行论证；(2) 从单井上分析丘滩有利相带与优势地震属性的关联，寻找敏感属性；(3) 结合基于神经网络的曲线反演技术对微生物丘展开预测；(4) 在地层框架模型中，以体系域为单元，对丘滩及有利丘滩进行空间展布研究和定量雕刻（图 3-8）。

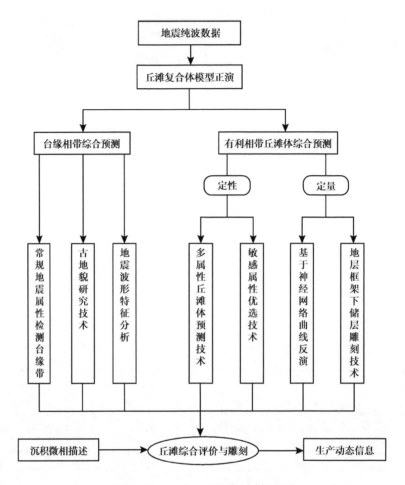

图 3-8　微生物丘预测与雕刻流程

一、微生物丘二维正演预测

基于波动方程的地震正演模拟，能够很好地反映地震波在复杂的地下介质中的传播规律，方便人们对地震波复杂的地下介质传播情况进行研究，因而在地震正演数值模拟中经常被使用[11]。在模拟过程中最大限度地贴近实际采集环境和处理参数，以期望自定义输入的模型可以客观地在地震剖面中体现出来。

本次研究，地震采数以 20m×20m 面元，2ms 地震采样，剖面深度范围以目的层埋深为参数，过磨溪 22 井、磨溪 108 井和磨溪 103 井连井地震剖面为原始参考，从完井数据中获取目的层的速度、密度、丘滩体类型、丘滩体厚度等关键参数，缝洞发育模式从地震数据中获取构造、储层形态、断层特征及地震采集处理参数。

在研究过程中，贴近工区实际地震采集参数和地质条件建立模型，采用波动方程法进行正演观测地震对丘滩体及缝洞等地质特征的响应。

丘滩体正演模拟：对于多层重叠累计厚度超过 60m 的储层，呈现出较弱宽波谷、底部强亮点、顶部弱波峰的特点；对于多层重叠或单层厚度超过 21m 的滩体，呈现出较弱

28

宽波谷、底部亮点、顶部较弱波峰的特点；对于单层厚度小于 21m 的滩体，表现出随着丘滩体厚度递减，地震响应逐渐减弱的趋势。

本次研究中，以过磨溪 22 井、磨溪 108 井和磨溪 103 井地震剖面为样板，并从完井数据中获取目的层的层速度、密度、滩体类型和滩体厚度等关键参数，获取地质模型，模拟丘滩体和缝洞在空间上不同的发育模式和分布特征，并对其进行正演求证，以观测其地震响应，为后续丘滩及缝洞的预测明确研究方向（图 3-9）。

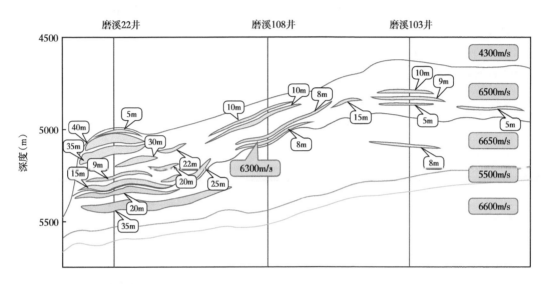

图 3-9　四川盆地高石梯—磨溪区块过磨溪 22 井、磨溪 108 井和磨溪 103 井丘滩储层地质模型

从模型正演结果来看，对多层重叠或单层厚度超过 21m 的滩体，较容易检测。当滩体单层厚度小于 21m 时，则不易被检测，随着滩体厚度递减，丘滩体发育于地层顶部地震响应逐渐减弱；丘滩体地震响应为较弱宽波谷、底部亮点、顶部较弱波峰；发育于地层中下部响应为宽波谷、中部亮点（图 3-10）。

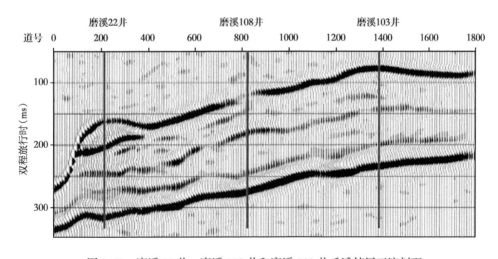

图 3-10　磨溪 22 井、磨溪 108 井和磨溪 103 井丘滩储层正演剖面

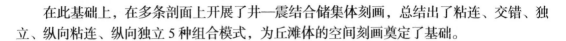

在此基础上，在多条剖面上开展了井—震结合储集体刻画，总结出了粘连、交错、独立、纵向粘连、纵向独立 5 种组合模式，为丘滩体的空间刻画奠定了基础。

二、敏感属性优选

在以上研究的基础上，进一步利用属性分析技术的关键是属性优选，即从众多属性中选择能够反映和区分丘滩体地质特征的地震属性或属性组合，进而能够最大限度地克服单一属性局限性和降低多属性预测结果的多解性。结合沿轨迹提取的 10 余种属性，优选出能够区分丘滩与丘间的合理属性。例如高石 3 井（图 3-11），甜点、包络、均方根振幅（RMS）和相对阻抗属性利用一个基线值很容易区分丘滩与丘基。根据这样的方法把能够完全区分的属性定为吻合，有 1~2 个异常点的称之为较吻合，3 个或 3 个以上异常点的称之为不吻合。针对研究区 10 口井的沉积微相单井解释结果进行综合分析，得出综合统计表（表 3-1）。

沿井轨迹提取属性计算值，定性分析井点处属性变化规律，可以用于丘滩体的定性分析。经统计，可以看出甜点属性、振幅包络属性和相对阻抗等 3 种对于反映微生物丘响应较为敏感，其中甜点属性最能区分丘滩与丘间。

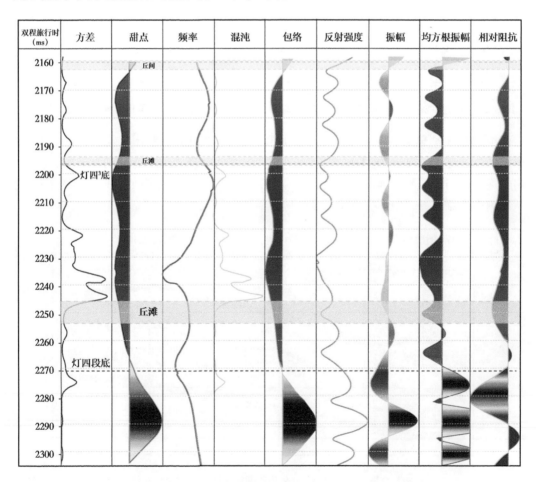

图 3-11　四川盆地高石梯—磨溪区块高石 3 井井轨迹属性

表 3-1　四川盆地高石梯—磨溪区块属性吻合情况统计

井号	属性吻合情况					
	甜点	RMS	反射强度	相对阻抗	包络	相位
磨溪 12 井	较吻合	不吻合	不吻合	较吻合	较吻合	不吻合
磨溪 52 井	吻合	不吻合	较吻合	不吻合	吻合	不吻合
磨溪 22 井	较吻合	不吻合	吻合	吻合	较吻合	不吻合
磨溪 022-X1 井	吻合	较吻合	较吻合	较吻合	吻合	不吻合
磨溪 105 井	吻合	较吻合	较吻合	较吻合	不吻合	不吻合
磨溪 108 井	较吻合	吻合	不吻合	较吻合	吻合	较吻合
磨溪 103 井	吻合	吻合	不吻合	较吻合	吻合	不吻合
磨溪 117 井	较吻合	较吻合	吻合	较吻合	不吻合	不吻合
磨溪 022-X2 井	吻合	较吻合	较吻合	较吻合	吻合	不吻合
磨溪 110 井	吻合	不吻合	较吻合	吻合	吻合	不吻合
磨溪 47 井	较吻合	较吻合	较吻合	吻合	较吻合	不吻合
磨溪 116 井	吻合	吻合	较吻合	较吻合	较吻合	不吻合
磨溪 10 井	较吻合	较吻合	较吻合	较吻合	较吻合	不吻合
磨溪 102 井	吻合	较吻合	较吻合	较吻合	较吻合	不吻合
磨溪 118 井	较吻合	较吻合	较吻合	吻合	较吻合	不吻合
磨溪 8 井	吻合	较吻合	较吻合	较吻合	吻合	较吻合

三、神经网络微生物丘定性预测

由于每一种属性只是地震表现出来的一种或几种特征参数的地球物理响应，并不能充分反映整个地层的性质特征[2]。因此，运用井属性模型与多种地震属性融合交汇，使得各属性之间相互约束提取地质模型，从而能够更加准确的刻画丘滩体（图 3-12）。

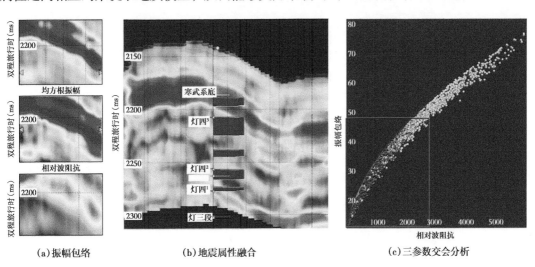

（a）振幅包络　　　　　　　　（b）地震属性融合　　　　　　　　（c）三参数交会分析

图 3-12　四川盆地高石梯—磨溪区块磨溪 12 井区多属性交会地质体模型

在灯四段丘滩体定性预测方面，利用对丘滩敏感的甜点、相对波阻抗和振幅包络进行三参数交汇分析，将这三种属性对丘滩的分选门槛值来圈定符合条件的范围，而三种属性的优势属性重叠区，以此来刻画丘滩储层；结合测井解释结果，设定储层门槛值，对丘滩进行定性预测。

通过古地貌、地层厚度、均方根振幅和甜点属性可以识别出台缘相带的分布范围；在有利相带（台缘带）基础上，进一步井震对比分析及属性优选，选取了对滩体敏感的属性进行多属性交汇分析，初步对灯四段上、下亚段丘滩体分布进行多属性定性预测。

四、丘滩体定量雕刻

基于定性分析得出的优选的属性，进一步根据高石梯—磨溪区块29口井的测井解释的沉积微相，分析认为，研究区灯四段密度、电阻率、孔隙度、声波时差和自然伽马等岩石物理参数，认为微生—物丘具有低电阻、低自然伽马、高密度、高速度和高孔隙度的特征。其中自然伽马和孔隙度能够较好地区分丘滩与丘间（图3-13），因此在之前多属性交

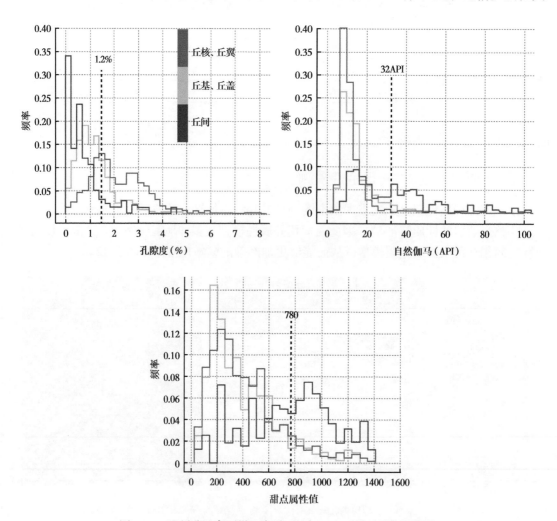

图 3-13　四川盆地高石梯—磨溪区块灯四上亚段丘滩电性特征

32

汇的基础上，进一步开展对微生物丘敏感属性进行优选，认为孔隙度对丘、滩体和丘间的分选门槛值可设为1.5%，自然伽马门槛值可设为32API；同时，对丘滩敏感的甜点属性门槛值可设为780。通过三参数交会，来综合识别丘滩。

常规的叠后反演最直接形成的反演结果是波阻抗[13]，但无法直接获得孔隙度与自然伽马反演结果，由于该区岩层成层性较低，物性含油气性非均质性强。在反演方法的优选上，应摒弃那些基于模型的反演方法以避免因井曲线插值模型带来的假象，基于此，本次孔隙度反演和自然伽马反演都选用了更适用于碳酸盐岩的神经网络多属性曲线反演。该方法通过模糊数学优选方法对孔隙度敏感属性进行优选，除前期预测10种属性外，本次研究还增加了对滩体敏感的吸收衰减属性，进行神经网络多属性融合。

该方法在碳酸盐岩丘滩体预测方面具备以下几个优点：

（1）充分利用测井和地震数据的关联性；

（2）可加入多种与目标结果相关的属性进行拟合；

（3）从海量实现结果中人机结合，优选较理想的实现，获得反演结果最大概率；

（4）考虑了不同厚度下振幅与频率之间的关系，将了波分节技术引入反演，有效提高反演结果的分辨率；

（5）多级质控手段，保证了反演结果的稳定性。

在反演过程中，关键的环节之一便是选择与孔隙度和自然伽马曲线相关性较高的属性（排除两两相似性特别高的属性），按属性与测井曲线的相关性排序。在优选那些与井曲线相关性较高的属性时，也要考虑到同类属性的重复性，以避免同类属性比重过高而且压制的其他类别属性的特征，确保以多种敏感属性共同参与神经网络预测。接下来，再对反演出多个实现与实测对比，最终对这6个实现取平均，使结果稳定性更高，与实测数据更吻合（图3-14和图3-15）。

高石梯—磨溪区块灯四[1]小层丘滩厚度变化较大，呈北薄南厚的特征，与地层厚度变化趋势接近，灯四上亚段丘滩整体厚度在20~220m之间（图3-16）。

灯四[3]小层，由于靠近台缘带遭受地层剥蚀，丘滩厚度发育不完整，但厚度整体较薄，厚度范围为0~60m，一般在30m左右。丘滩厚度北薄南厚，但横向连续性较差，最发育处在高石梯高石12、高石11和高石9井区集中分布。

灯四[2]小层，厚度变化符合灯四上亚段丘滩厚度变化趋势，呈北厚南薄的趋势，厚度变化在0~200m之间。丘滩厚度发育区主要磨溪区块磨溪111井、磨溪103井和磨溪116井南北沿线集中发育，呈长条状靠近西部台缘边界。同时，在磨溪区块丘滩厚度由东向西逐渐减薄；在高石梯地区丘滩厚度横向差异较小，整体较薄。

从前期预测结果来看，磨溪区块储层发育程度高于高石梯地区。丘滩在靠近西部台缘边界更发育，而丘滩厚度变化受古地貌影响较大，在古地貌斜坡区丘滩厚度相对较大。

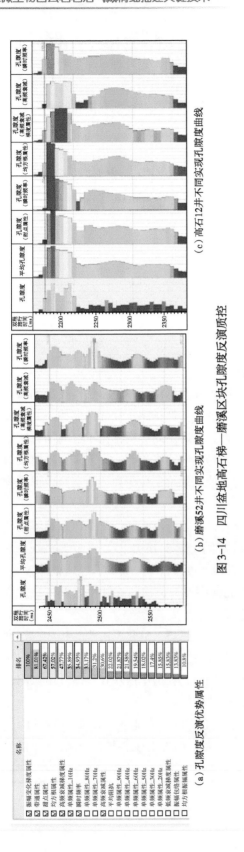

（a）孔隙度反演优势属性

（b）磨溪52井不同实现孔隙度曲线

（c）高石12井不同实现孔隙度曲线

图3-14 四川盆地高石梯—磨溪区块孔隙度反演质控

GR反演优势属性

磨溪52、磨溪13、高石12、高石10井不同实现GR曲线

图3-15 四川盆地高石梯—磨溪区块自然伽马反演质控

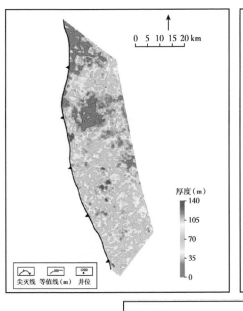

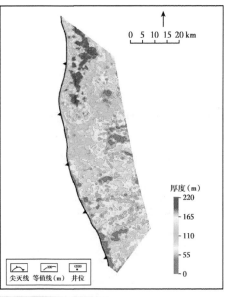

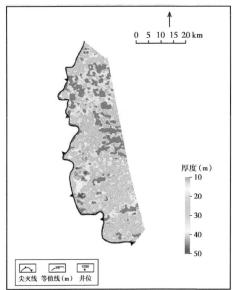

图 3-16 灯四 [1]、灯四 [2] 和灯四 [3] 小层丘滩体厚度预测平面展布

第三节 超深小尺度岩溶缝洞储集体预测技术

一、岩溶缝洞储层地震响应特征及小尺度缝洞体地震三维刻画技术

（一）岩溶缝洞储层地震响应特征

1. 小尺度薄储层地震正演模拟技术

高石梯—磨溪区块灯影组碳酸盐岩储层以溶蚀作用形成的孔洞为重要的储集空间，具有较强的储层非均质性的特点[14-15]。孔、洞、缝是灯影组油气的重要储渗空间，其发育情况一定程度上决定了油气产能的高低。如前章所述，灯影组的岩溶缝洞均为毫米级和厘

米级缝洞，为了研究不同的缝洞密度和充填物产生的地震响应的差异，在致密白云岩内设置了直径为1m洞群，分别充填气和硅质，为了研究不同的缝洞尺度产生的地震响应的差异，设计了不同尺度大小的缝洞，充填低速介质，缝洞体正演及偏移（主频35Hz）结果表明，不同尺度的缝洞会产生不同的地震响应，洞直径尺度为50~100m时缝洞顶底可分辨，形态清晰；洞直径尺度为6~15m时，溶洞多呈串珠状的亮点反射；尺度为1~2m的不规则或层状小群洞组合时，地震无法分辨小洞的形态，整体表现为杂乱不规则似层状的反射特征，此特征与实际灯影组缝洞地震响应特征相似程度高，认为该模型的地震响应与灯影组实际资料的地震响应模式等效（图3-17）。

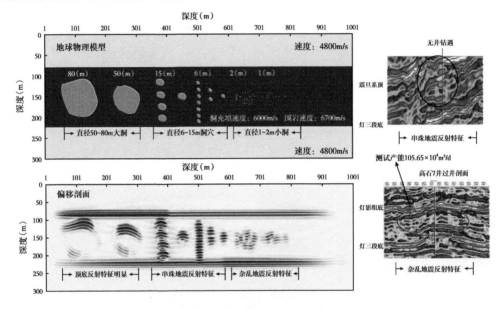

图3-17　缝洞地震反射特征

2. 小尺度缝洞地震响应特征分析技术

根据岩溶模式，建立了相对应的地球物理模型，从正演的地震剖面中可见，古地貌高部位缝洞储层较发育，地震上呈现整体杂乱、局部亮点的反射特征；古地貌斜坡部位缝洞主要发育在灯影组四段中上部，地震上呈现出横向不连续的条带弱反射或者复波反射的特征；古地貌缓坡区缝洞次发育，条带状硅质发育，形成横向连续的强条带振幅反射特征。从磨溪22井—磨溪10井连井地震剖面可见，正演结果与实际地震资料吻合很好，同井上的缝洞、岩性分布规律也能形成较好的对应（图3-18）。

（二）小尺度缝洞体地震三维刻画技术

1. 方法原理

曲率是一个几何学的概念，用于描述一个物体的形状在某一点上的弯曲程度，层面的曲率反映了地层褶皱或受应力引起弯曲时产生形变的程度。当地层受力而弯曲变形时，地层外部顶部应力释放部位较易形成张裂缝，地层内部较易形成闭合缝。一般曲率越大，顶部张应力越大，张裂缝就越发育[16]。如果地层因受力变形越严重，其破裂程度可能越大，曲率值也应越高，在遭受岩溶作用时，更容易形成溶蚀缝洞。因此当溶蚀孔洞发育时，就表明该地区受力破裂程度较大，曲率也越大。

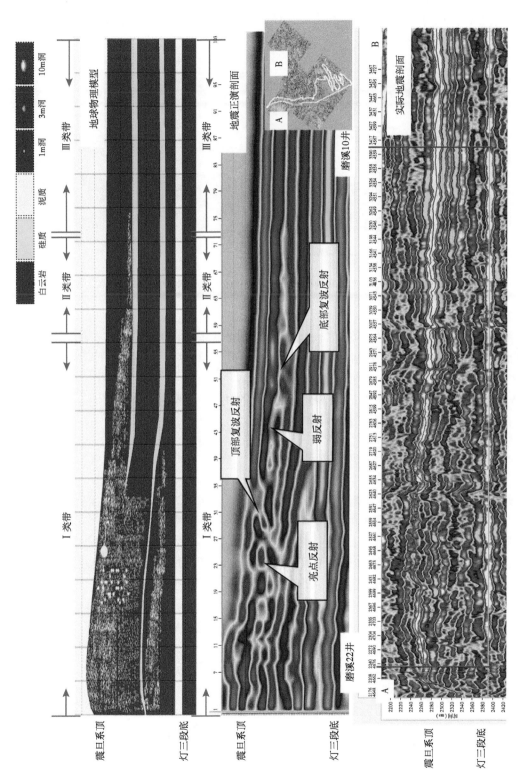

图 3-18 灯四段缝洞储层地震响应模式

基于构造导向滤波的曲率断裂增强技术有效压制了噪声[17-20]，能够显著提高几何属性体的信噪比，通过多属性融合，突出缝洞体的各向异性特征，指示缝洞体的平面及空间发育特征（图 3-19）。

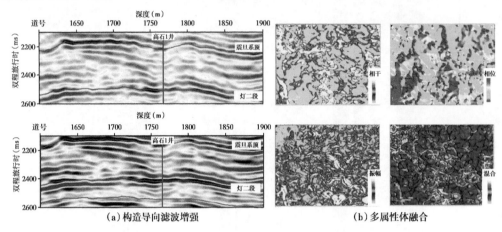

图 3-19 基于构造导向滤波缝洞预测理论

2. 地震三维刻画

图 3-20 为根据小尺度缝洞体地震三维刻画技术建议部署的高石 8 井和高石 9 井缝洞检测剖面，高石 9 井的灯四段缝洞均较发育。试油结果显示，高石 9 井分别获得 $67\times10^4\text{m}^3/\text{d}$ 和 $91\times10^4\text{m}^3/\text{d}$ 的工业气流。基于纹理、曲率属性体开展灯四$^{2+3}$小层不同尺度的缝洞雕刻（图 3-21）。基于纹理属性的空间雕刻结果，实现了断裂＋溶洞的空间展布，可以看出，在高石梯和磨溪区块主体部位，缝洞都较发育。

二、缝洞体储层地震精细预测技术

（一）岩石物理分析

灯影组岩石物理实验共采集了 89 个样品，分别来自高石 1 井、高石 2 井、高石 6 井、高石 7 井、高石 10 井和磨溪 9 井等。涉及孔发育、洞发育和缝发育的样品，同时含有硅质和泥质样品，能够满足实验需求和岩石物理模板建立。岩石物理分析作为储层与地震精细预测之间的桥梁，在储层预测和气层检测中起着至关重要的作用[21]，利用地震方法预测储层乃至直接识别气层的关键在于如何认识储层及其非储层的地球物理参数的变化特点，如何确定其敏感性参数及优选预测方法，通过敏感参数的准确标定，提取和综合解释实现储层精细预测。为了优选储层敏感参数，对工区 40 余口已钻井震旦系灯影组灯四段的气层、硅质、致密层和泥岩层等不同岩层的测井参数进行交会统计分析，纵波阻抗和纵横波速度比（v_p/v_s）是识别储层的敏感参数，通过这两个参数可以识别储层及气层（图 3-22）。

（二）储层定量预测原理

由储层岩石物理特征分析可知，利用纵波阻抗—纵横波速度比交会可以识别白云岩及白云岩储层，需要应用叠前弹性参数反演方法从地震资料中获取地层的弹性参数进而定量预测储层分布。储层底界在各部分角度叠加数据上表现为随入射角增加振幅逐渐增强的 AVO 响应特征，叠前处理数据保持了较明显的 AVO 特征。岩石物理分析结论及地震资料条件均满足叠前弹性参数反演的应用条件，具备研究的可行性。

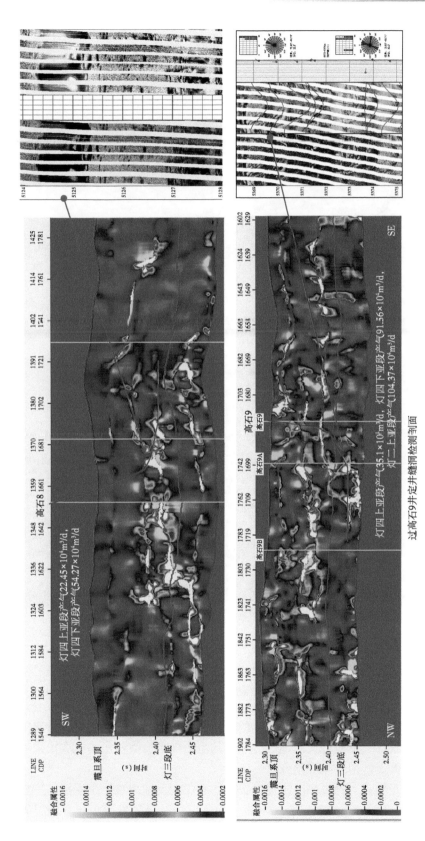

过高石9井定井缝洞检测剖面

图3-20　高石8井和高石9井缝洞检测剖面

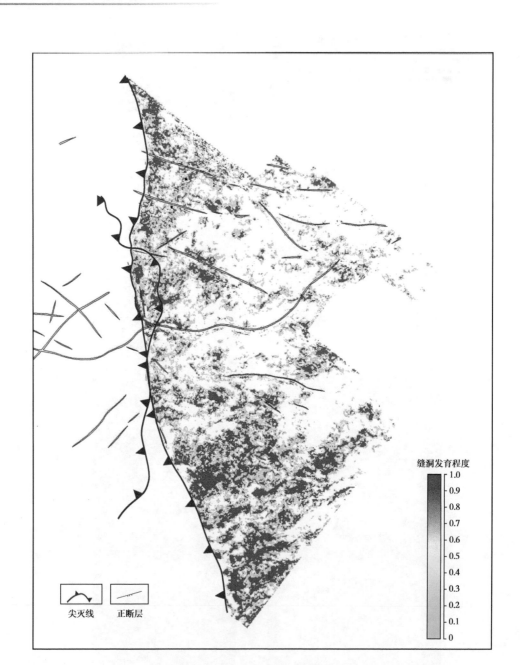

图 3-21　高石梯—磨溪区块缝洞空间雕刻图（叠合构造）

　　从储层的地质特征可知，灯四段储层空间分布复杂，非均质性强，物性变化大，常规地震剖面上储层准确位置的识别受分辨率的严重制约，因此需要采用高分辨率地震反演技术。目前，地质统计学反演是突破地震分辨率的主要随机反演技术，本次拟采用叠前地质统计学反演方法开展灯四段储层预测。

　　地质统计学反演是一种概率随机反演技术，它主要由地质统计学模拟和反演两部分组成[22]。利用区内钻井、地质及已有的确定性地震反演结果等数据，建立地层的先验概率密度函数及变差函数，获取各目的层的地质统计学信息，利用先进而复杂的马尔科夫链—

蒙特卡罗（MCMC）核心算法，根据实际的概率分布得到统计意义上正确的随机样点分布，实现全局优化的多个等概率模拟结果，对每个模拟结果与井震子波进行褶积得到合成地震记录[24]，当该合成地震记录与真实地震记录达到最佳拟合时，该模拟结果即为一个反演实现（图 3-23）。

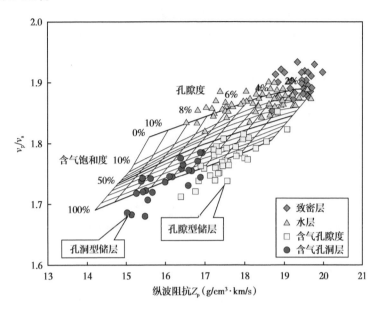

图 3-22　灯影组岩石物理模板（实验）

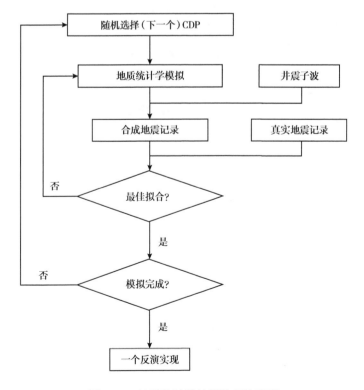

图 3-23　地质统计学波阻抗反演流程

可以理解为叠后地质统计学反演的原理，叠前地质统计学反演原理与其相似，区别在于增加横波阻抗及密度变量，需要建立更为繁杂的地质统计学参数，从而进行纵波阻抗、横波阻抗（或纵横波速度比）及密度的随机模拟，依据 Aki-Richards 或者 Zoeppritz 方程建立目标函数优选模拟结果，使反演合成记录与原始地震数据达到最佳匹配，此时优选的一个模拟结果即为一个反演实现，该实现由纵波阻抗、横波阻抗（或纵横波速度比）和密度 3 个数据组成。

（三）储层定量预测实践

分别观察磨溪区块反演及储层预测连井剖面（图 3-24）可见，各井纵横波速度比曲线与反演结果高低关系吻合良好，横向变化自然，分辨率较高。反演根据岩石物理分析结果自动识别储层获得储层分布数据体，从剖面上看，高石梯区块灯四上亚段储层单层厚度大，横向上搭接连片；磨溪区块灯四上亚段储层单层厚度薄，累积厚度大，横向变化快，非均质性较高石梯区块更强。灯四下亚段储层发育程度较灯四上亚段低，单层厚度薄，横向变化快。反演结果所展现的储层空间分布规律与前文所述的储层地质特征相符，表明该反演方法不仅提高了储层预测精度，对储层的分布刻画更精细，而且具有较高的可靠程度。

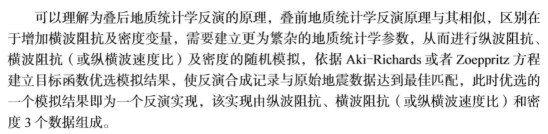

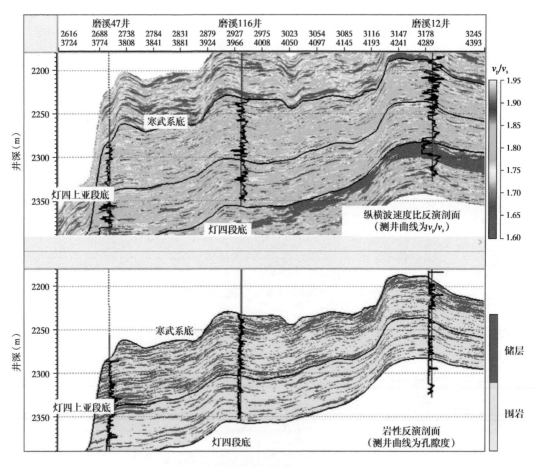

图 3-24　磨溪区块反演及储层预测连井剖面

在储层分布数据体上，分别提取灯四上亚段和灯四下亚段时窗范围内的储层样点，与反演速度相乘并累加获得储层厚度平面分布样点，编制成图。图 3-25 为灯四上亚段储层厚度分布预测图，台缘有利相带上亚段发育储层厚度多在 50m 以上，储层最为发育区主要在高石梯区块和磨溪 118 井—磨溪 105 井的带状区域。预测结果误差均小于 5m，吻合率达 100%。

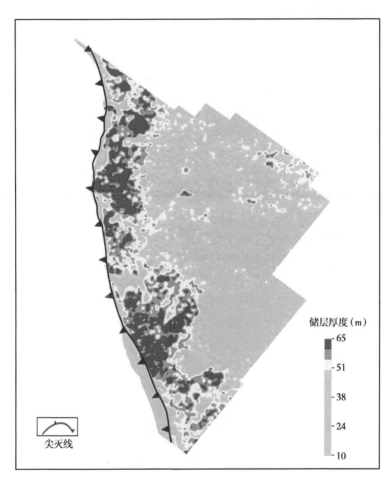

储层厚度（m）
- 65
- 51
- 38
- 24
- 10

尖灭线

图 3-25　灯四上亚段储层厚度分布预测图

第四章

强非均质岩溶气藏渗流规律与产能特征描述技术

　　传统的气藏渗流规律和产能特征描述主要基于室内实验分析及现场试井等技术手段评价。但以往室内实验主要是在常温常压下开展；而现场试井不仅成本高，对测试的气藏地质条件也要求非常高。安岳气田震旦系灯影组气藏埋深大于5000m，上覆岩层平均压力138MPa，气藏中部平均压力56.83MPa，平均地层温度155.7℃，为中含硫化氢、中含二氧化碳气藏。在钻井过程中容易发生垮塌、漏失、井喷等井下复杂情况。目的层钻井安全密度窗口小于0.1g/cm³，酸压过程中也有大量的酸液滞留于储层中。这些传统的测试分析技术手段在安岳气田震旦系灯影组气藏适应性较差。为此，本章基于多尺度CT扫描定量表征了裂缝—孔洞型、孔洞型和孔隙型3类储层的二维和三维孔隙结构特征，实现了强非均质岩溶气藏多类型储层孔隙结构特征的精准刻画，并据此分析了不同类型储渗体的储集和渗流能力，形成了一套较为完善的孔隙结构特征与储渗能力的研究测试方法。搭建了高温高压多功能驱替实验系统，模拟实际储层温压条件，选取安岳气田震旦系灯影组四段气藏3类典型储层岩心进行渗流实验研究，揭示了流体在不同类型储层的渗流规律，同时研究了束缚水对气体渗流规律的影响，为强非均质岩溶气藏储量可动性评价与开发有利目标优选提供了理论支持。针对气藏存在多岩溶储渗体交错叠置的特征，建立了多个岩溶储渗体叠加的气井产能评价模型，有效提高了安岳气田震旦系灯影组气藏气井产能评价的准确性。

第一节　强非均质岩溶储层孔隙结构特征及储渗能力描述技术

　　为了对灯影组四段强非均质岩溶气藏多类型储层的孔隙结构进行三维重构并定量表征其孔缝洞分布规律，依据储层分类结果，选取裂缝—孔洞型、孔洞型和孔隙型3类典型岩心进行CT扫描实验。通过孔隙结构特征定性研究结果可知，3类储层既包含大尺度的溶洞和裂缝，也包含小尺度的孔隙和喉道，如果仅进行一个分辨率尺度下的CT扫描将无法完全反映所有类型的孔隙结构特征。因此，根据高压压汞实验对3类储层孔喉尺寸的初步研究，对岩心进行了两个分辨率尺度下的CT扫描，其中分辨率13.15μm用于研究较大尺度的孔隙、溶洞结构特征以及裂缝参数，分辨率0.98μm则可以较好地观察小尺度孔隙和喉道的结构特征。

一、实验设备及孔隙模型建立原理

　　由于CT图像反映的是X射线在穿透物体过程中能量衰减的信息，因此三维CT图像能够真实地反映出岩心内部的孔隙结构特征与分布规律。本实验采用MicroXCT-400型微米扫描仪，最大测量岩样的直径为 50mm，最大岩样高度 40mm，像素分辨率 0.7~40μm，能够满足对研究区不同尺度下孔隙结构精准刻画的要求。本节采用最大球法在三维数字岩心中进行孔隙网络结构的提取与建模，既提高了网络提取的速度，也保证了孔隙分布特征与连通特征的准确性[24-27]。最大球法是一次性把不同尺寸的球体填充到三维岩心图像的全部孔隙空间中，整个岩心内部的不规则孔隙结构将通过相互交叠及包含的球串来表征（图 4-1）。孔隙网络结构中孔隙和喉道的确定是通过在球串中寻找局部最大球与两个最大球之间的最小球，从而形成孔隙—喉道—孔隙的配对关系。最终，整个球串结构被快速地简化为以孔隙和喉道为单元的规则孔隙网络结构模型。表征连通性的配位数即为最大球代表的孔隙所连接最小球代表的喉道数量。

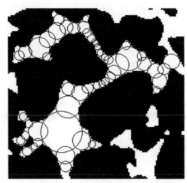

（a）不同尺寸球体填充孔隙空间　　　　　（b）孔隙—喉道—孔隙填充图

图 4-1　最大球法提取孔隙网络结构原理图

二、基于 CT 扫描的孔隙结构特征分析方法

基于 CT 扫描的孔隙结构特征分析流程[28-35]（图 4-2）：（1）二维孔隙结构分析。根据二维 CT 扫描图像，分析表观孔隙结构特征。（2）样品区域选取。基于二维 CT 扫描图

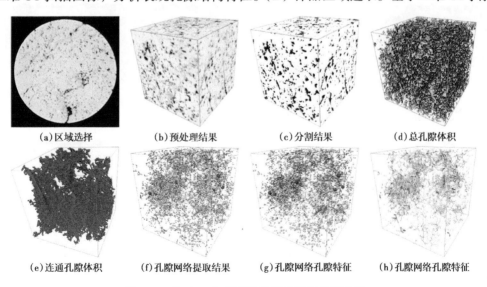

（a）区域选择　　　（b）预处理结果　　　（c）分割结果　　　（d）总孔隙体积

（e）连通孔隙体积　　　（f）孔隙网络提取结果　　　（g）孔隙网络孔隙特征　　　（h）孔隙网络孔隙特征

图 4-2　基于 CT 扫描的孔隙结构特征分析流程

像，选取典型样品区域建立三维孔隙模型。（3）样品区域预处理。对样品进行平滑处理，去除样品扫描中的噪声。（4）样品分割。将样品分割成孔隙和骨架颗粒。（5）孔喉参数计算。基于分割后的样品对孔隙基本参数进行计算，主要包括孔隙度、连通孔隙度、孔喉半径等。（6）孔隙网络提取。基于图像分割结果，利用 iCore 软件对孔隙网络进行提取。（7）三维孔隙网络分析。在提取的孔隙网络基础上进行定量分析，包括孔喉半径、孔喉体积分布特征以及孔喉配位数分布规律。

三、基于 CT 扫描的二维孔隙结构特征描述

首先对 3 类岩心进行两种尺度下的二维 CT 扫描及分析。通过观察和对比俯视图与正视图图像（图 4-3）及具有典型孔隙结构特征的岩心 CT 扫描图像（图 4-4）可知，深层碳酸盐岩储层非均质性强，3 类储层在孔隙结构上存在较大差别：（1）裂缝—孔洞型样品中存在构造缝与溶蚀缝，发育程度较高。其中构造缝断面较平直，裂缝倾角 30°~70°；微裂缝与溶蚀孔洞串接呈串珠状分布，有效沟通了各储集空间。微裂缝孔隙度为 1.07%，宽度为 20~332μm，平面延伸 800μm 左右。（2）孔洞型样品中溶蚀孔洞发育，主要为顺层溶洞或围绕岩溶角砾分布，形状主要为不规则圆形、三角形和长条状，溶洞孔隙度为 1.55%~2.02%，以直径在 2mm 左右的小型溶洞为主（图 4-4）。（3）孔隙型样品在大尺度条件下只能在部分区域观察到极小的孔隙结构，大部分区域孔喉不发育，表现为致密层。

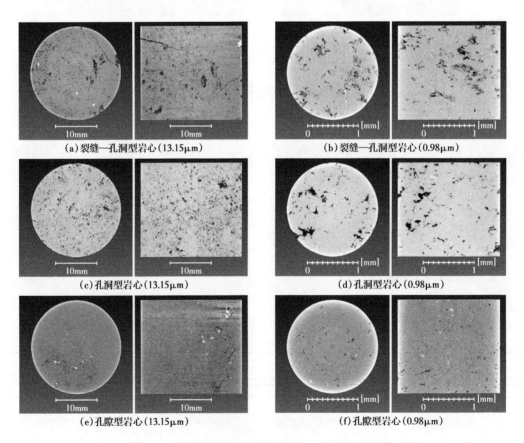

(a) 裂缝—孔洞型岩心（13.15μm）　　(b) 裂缝—孔洞型岩心（0.98μm）

(c) 孔洞型岩心（13.15μm）　　(d) 孔洞型岩心（0.98μm）

(e) 孔隙型岩心（13.15μm）　　(f) 孔隙型岩心（0.98μm）

图 4-3　不同类型岩心不同尺度下 CT 扫描表观图像

 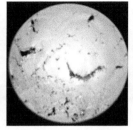 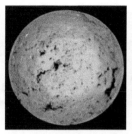 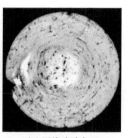

(a)溶蚀裂缝 　　(b)串珠状微裂缝 　　(c)顺层溶洞 　　(d)围绕岩溶角砾

图 4-4　具有典型孔隙结构特征的岩心 CT 扫描图像

（4）小尺度条件下，孔洞型和裂缝—孔洞型储层微观孔喉结构仍然发育，可见直径大于 100μm 的粗大孔喉，但无法观察到宏观裂缝与溶洞；孔隙型储层存在可见微观孔喉，但大都呈椭球状、三角状孤立分布，多为发育在矿物颗粒和晶体之间的溶孔，大小为 0.7~4.6μm。图 4-4 所示为具有典型孔隙结构特征的岩心 CT 扫描图像。

四、基于 CT 扫描的三维孔隙结构特征描述

选取样品中孔喉集中发育的区域，建立 3 类储层的三维孔隙结构模型，对比分析孔隙体积、孔喉大小及其分布规律和连通关系等三维结构特征。图 4-5 为 3 类岩样不同尺度下三维孔隙结构提取的球棍模型，球代表孔隙，棍代表喉道，其大小表示孔喉的尺寸。球和棍分别描述岩样的储集和渗流能力，每个球连接棍的数量表示孔喉配位数。由于常规三维孔隙模型无法对微裂缝进行提取分析，先基于二值分割后的岩石图像，以 $5×10^5$ 个像素的体积为微裂缝分割的阈值，然后对二值图像进一步分割，提取图像中的微裂缝。裂缝—孔洞型样品的三维微裂缝提取结果如图 4-6 所示。图 4-7 为利用 iCore 软件进行定量分析得到的多类型储层孔隙体积大小及分布特征。通过综合分析图 4-5 至图 4-7 与表 4-1 可以得出 3 类储层的三维孔隙结构特征：（1）孔隙型储层样品孔隙半径多为 0.7~4.6μm，喉道半径多为 0.5~3.8μm，最大孔喉半径 170.4μm。孔隙体积多在 $3×10^6μm^3$ 以下，细小孔隙发育且分布不均，大部分区域被岩石骨架占据，总孔隙度小于 4%，连通孔隙度小，储集空间以微孔隙为主，渗流通道为喉道，但喉道数量少且连通性差，配位数低，储集和渗流能力均很差。（2）孔洞型储层样品孔隙半径多为 2.5~20.3μm，喉道半径多为 1.7~14.0μm，最大孔喉半径为 470.7μm，孔隙体积多在 $7×10^6μm^3$ 以下，发育有不同尺度的孔隙与溶洞，总孔隙度大于 4%，连通孔隙度较高，溶洞体积占比大，储集空间以溶洞和大孔隙为主，储集能力强，渗流通道为喉道和顺层溶洞，喉道粗大但数量较少，孔喉连通性较差，配位数较低，各储集空间无法形成有效沟通，渗流能力受限。（3）裂缝—孔洞型样品孔隙半径多为 1.9~13.2μm，喉道半径多为 1.2~12.9μm，最大孔喉半径为 392.2μm，孔隙体积多在 $1×10^7μm^3$ 以上，大孔隙与溶洞发育且分布均匀，总孔隙度大于 6%，多条微裂缝的存在沟通了孤立的储集空间，连通孔隙度高达 83%，溶洞与孔隙体积占比较高，储集空间以溶洞和大孔隙为主，渗流通道以裂缝和喉道为主，喉道粗大且数量较多，配位数较高，储集和渗流能力相对最好。CT 扫描分析结果与高压压汞实验结果相对应，进一步验证了多类型储层分类结果的准确性。

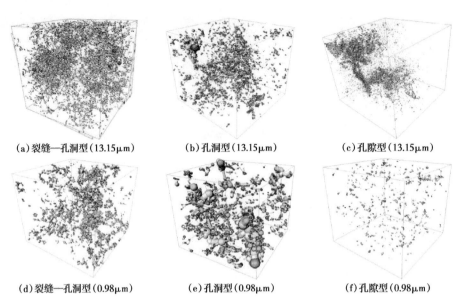

(a)裂缝—孔洞型(13.15μm)　　(b)孔洞型(13.15μm)　　(c)孔隙型(13.15μm)

(d)裂缝—孔洞型(0.98μm)　　(e)孔洞型(0.98μm)　　(f)孔隙型(0.98μm)

图 4-5　不同类型岩心不同尺度下三维孔隙结构球棍模型

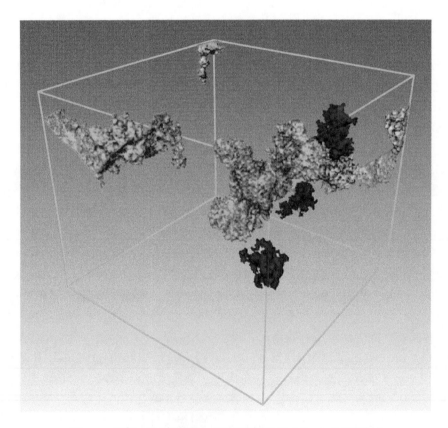

图 4-6　裂缝—孔洞型样品三维微裂缝特征（共 10 条微裂缝）

表 4-1 强非均质岩溶气藏多类型储层孔隙结构特征

孔隙特征参数	孔隙型储层	孔洞型储层	裂缝—孔洞型储层
孔隙度（%）	＜4	＞4	＞6
孔隙连通性	极差	较好	好
渗透率（mD）	＜0.1	＜1.0	＞1.0
岩性特征	藻凝块云岩、藻叠层云岩、藻砂屑云岩		
孔隙类型	粒间溶孔、粒内溶孔、铸模孔、晶间溶孔		
溶洞类型	—	中小型溶洞，呈层状或沿裂缝呈串珠状分布	
裂缝类型	—		构造缝、压溶缝和扩溶缝
喉道类型	缩颈喉道、片状喉道、管束状喉道		
进汞压力（MPa）	0.2~2.0	0.2~1.0	＜0.2
最大进汞饱和度（%）	45~55	55~70	＞70.0
分选性	中偏好	较好	好
孔隙半径（μm）	0.7~4.6	2.5~20.3	1.9~13.2
最大孔喉半径（μm）	170.4	470.7	392.2
孔隙体积（μm³）	＜3×10⁶	＜7×10⁶	＞1×10⁷
喉道半径（μm）	0.5~3.8	1.7~14.0	1.2~12.9
喉道数量	少	较少	较多
孔喉配位数	低	较低	较高
溶洞半径（mm）	—	直径在2mm左右的小型溶洞为主	
裂缝开度（μm）	—		20~332
孔隙形状	椭球、三角状孤立分布	—	
溶洞形状	—	扁圆形、椭圆形、条带状分布	
裂缝形状	—		串珠状分布
储集空间	孔隙	溶洞、大孔隙为主	溶洞、大孔隙为主
储集能力	弱	强	强
渗流通道	喉道	喉道、顺层溶洞	裂缝、喉道
渗流能力	弱	较弱	强

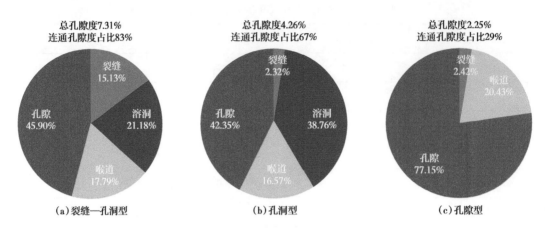

图4-7　不同类型储层孔隙体积大小及分布特征

五、储渗体划分及评价

单一刻画储层类型及其特征，不能体现远井区的优质储层发育规模。本节基于不同类型储层特征、储层分布的精细刻画成果，综合沉积相、地震反演、生产动态特征、CT扫描等多方面手段和实际开发效果[36-37]，对安岳气田震旦系灯影组四段气藏开展了储渗体分类。

储渗体主要是指致密岩层中非均一分布的孔、洞、缝相互沟通而形成的不规则的储渗系统。鉴于安岳气田震旦系灯影组四段储层类型多样性、非均质性，为满足开发需求，应对储渗体进行进一步分类刻画。前人对于四川盆地灯影组储渗体研究存在以下观点：（1）王兴志等基于储渗体成因及形态，将灯影组储渗体划分为残丘及风化壳型、岩溶溶洞型、透镜型、裂缝裂和古残留背斜型[38]；（2）侯方浩等认为灯影组储渗体主要由重结晶白云岩晶间孔（洞）、沿40°方向构造缝扩溶形成的溶洞、葡萄花边胶结后的残余孔洞和70°~80°张裂缝4类储渗空间构成[39]。这些研究方法一是未考虑储渗空间的搭配关系，二是缺乏定量划分依据。本小节基于缝洞预测成果、丘滩体平面展布刻画、优质储层预测成果、优质储层储量丰度之间的叠加搭配关系，建立储渗体划分标准（表4-2）。划分标准依据如下：（1）基于取心段沉积相划分，利用多方向过井地震剖面，根据丘滩复合体的丘状—杂乱状反射特征，明确丘滩体平面分布边界，作为储渗体横向边界；（2）以单井有利储层类型分布为依据，利用波阻抗属性反演有利储层（裂缝—孔洞型和孔隙—溶洞型）累计厚度大于30m的区域；（3）利用Petrel软件建立研究区灯四段孔隙反演模型和含气饱和度反演模型，在有利储层厚度预测成果基础上，明确有利储层储量丰度大于$2×10^8m^3/km^2$的区域；（4）基于曲率属性，建立地震缝洞发育有利区；（5）以生产动态资料为依据，开展储渗体横向刻画。

一类储渗体储量丰度大于$4×10^8m^3/km^2$（表4-2）。从缝洞地震反演剖面可以看出，一类储渗体规模较大，半径超过1km；试井曲线表现出明显的缝洞典型特征，储渗体经酸化改造后，在近井区形成了明显的酸压缝裂缝线性流特征，压力导数出现明显的上下跳动，气井连接多个缝洞系统，同时远井区储层物性相对较好，主要渗流通道为高导裂缝、缝

表4-2 安岳气田灯四段储渗体分类表

分类	一类储渗体	二类储渗体	三类储渗体
储层类型占比	裂缝—孔洞型储层占比 > 50%	孔洞型储层占比 > 50%	孔隙型储层占比 > 50%
储量丰度（10^8 m³/km²）	> 4	3~4	2~3
主要渗流特征	缝洞系统渗流特征为主	裂缝线性渗流特征为主	储层低渗流特征明显
典型井试井曲线			
平均产能系数（mD·m）	44.86	24.28	3.66
典型井生产曲线			
井均无阻流量（10^4 m³/d）	128.01	67.48	34.57
井均日产气量（10^4 m³）	22.45	11.35	7.58
井均动态储量（10^8 m³）	22.45	9.56	5.46

① 1cP=1mPa·s。

洞、微细裂缝；渗流特征主要表现为缝洞系统渗流特征或复合模型渗流特征。气井测试平均日产气量为 $109.45×10^4m^3$，采用常规"一点法"计算无阻流量平均值为 $128.01×10^4m^3/d$，远井区产能系数为 $72.21mD·m$。气井投入试采后，表现出较好的生产效果。比如高石3井，该井于 2014 年投入生产，以平均日产气量 $30×10^4m^3$ 连续稳定生产，井口油压年递减率仅为 4.42%，采用物质平衡法和产量不稳定分析法等方法计算该井动态储量超过 $37.0×10^8m^3$，表现出较强的稳产能力。

二类储渗体储量丰度介于 $3×10^8~4×10^8m^3/km^2$。二类储渗体地震反演反映其缝洞体规模中等，半径介于 $0.5~1.0km$；试井解释结果发现，近井区物性较好，气井完井测试和二次完井测试均获得高产，后期压力导数曲线明显上翘，表现为远井区储层明显变差，优质储层发育范围有限；二类储渗体动态特征表现为经酸化改造后，主要渗流通道为缝洞、微细裂缝；渗流特征表现为裂缝线性流渗流特征为主。气井测试平均日产气量为 $60.62×10^4m^3$，采用常规"一点法"计算无阻流量平均值为 $67.48×10^4m^3/d$。该类储渗体气井投入生产后，表现出较好的生产效果，采用物质平衡法和产量不稳定分析法等方法计算单井平均动态储量超 $9.56×10^8m^3$。

三类储渗体储量丰度介于 $2×10^8~3×10^8m^3/km^2$，从地震反演剖面可以看出，三类储渗体规模较小，一般半径小于 $0.5km$；动态特征表现为储渗体经酸化改造后，主要渗流通道为孔隙、孔喉，储层低渗流特征明显；酸化提高储层渗流能力有限，试井解释压力导数曲线和压力曲线几乎出现交叉，表现为井筒续流特征。该类储渗体气井投入生产后，表现为初期油压递减较快。比如高石 10 井，该井于 2016 年 8 月投入生产，生产 5 天后油压由 41.27MPa 降至 32.28MPa，采用物质平衡法和产量不稳定分析法等方法计算单井动态储量仅为 $4.5×10^8m^3$。

结合宏观和微观、静态和动态等资料分析认为，其以裂缝—孔洞型储层为主的一类储渗体，发育的裂缝及水平顺层溶洞在改善储层渗流能力方面起重要作用，而溶洞的发育是储集能力的重要补充，二者的合理搭配是强非均质岩溶气藏能否实现有效开发的基础，寻找缝洞发育区则是气藏能否高效开发的重点。

第二节　强非均质岩溶气藏渗流规律描述技术

四川盆地安岳气田震旦系灯影组气藏是目前为止国内最古老的气藏之一，埋深大于 5000m，上覆岩层平均压力 138MPa，气藏中部平均压力 56.83MPa，平均地层温度 155.7 ℃，属于深层高温高压气藏。储集空间以次生孔隙和中小型溶洞为主，且裂缝普遍发育，属于裂缝—孔洞型碳酸盐岩气藏。该类储层中既有多孔介质间的渗流也有大空间的自由流动，且实际储层的高温高压条件对岩石物性和气体流动产生了较大的影响，使得流动规律更加复杂[40-42]，常规的油气藏渗流理论已经无法准确描述该类气藏的渗流特征，因此有必要考虑气藏在高温高压条件和不同类型储层的差异性分别进行研究。目前，国内外关于强非均质岩溶气藏多类型储层单相渗流规律的研究成果较少，且由于实验仪器及技术上的限制，无法完全模拟实际储层的高温高压条件，得到的实验结果会存在一定的误差。因此，本节搭建了高温高压多功能驱替实验系统模拟实际储层温压条件，选取了安岳气田震旦系灯影组四段气藏中孔隙型、孔洞型和裂缝—孔洞型 3 类储层岩心进行了单相渗流实验（驱替条件下和衰竭条件下），揭示了流体在不同类型储层的渗流规律，同时研究了束缚水对气体渗流规律的影响，为强非均质岩溶气藏储量可动性评价与开发有利目标优选提供了理论支持。

一、高温高压多功能驱替实验系统的搭建

研究区气藏上覆岩层压力高达 138MPa，气藏压力超 56MPa，地层温度大于 150℃。常规驱替装置与管线均无法满足地层条件下实验要求，为此专门设计并搭建了超高温高压多功能驱替系统[43-45]。该套装置与常规驱替装置相比主要有以下几个方面的改进：一是采用增压泵 + 流压泵的方式进行两级增压，节约了加压时间，保证了注入气体压力的稳定性；二是用岩心夹持器外电加热套、岩心室温度传感器探针和恒温箱的组合方式进行加热，既能精确记录岩心温度，又能避免开关恒温箱进行操作时，岩心温度变化对实验结果造成的误差，还节约了加热时间；三是岩心夹持器采用高强度钛合金复合材料，能够承受180MPa 的高压和 250℃ 的高温，同时在堵头与活塞处用密封圈进行多级密封，保证高温高压条件下长时间工作的整体密封性；四是选择高耐温套筒，能够在 250℃ 下长期使用，保证实验的持续性；五是采用超高压围压泵，最大能提供 180 MPa 的稳定压力，满足实验对高围压的要求。这套装置具有承受温压高、保温性好、密封性强、实验效率高等特点，能够满足气体单相渗流实验的需要。该套实验系统的实验装置与实验流程如图 4-8 和图 4-9 所示。

(a)TC-60气体增压泵　　　(b)ISCO双缸注入泵　　　(c)耐高压中间容器

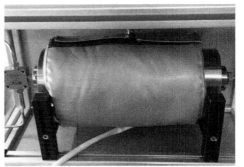

(d)HKV-N1超高压围压泵　　　(e)耐高压夹持器及电加热套

图 4-8　高温高压气藏多功能驱替实验装置图

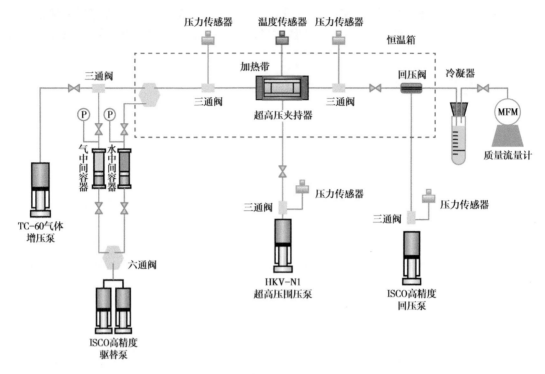

图 4-9　高温高压气藏多功能驱替实验系统流程图

二、驱替条件下单相气体渗流规律描述

驱替条件下的单相气体渗流实验可以用来模拟并研究强非均质岩溶气藏不同类型储层的单相渗流能力，判断气体在不同条件下的可动性。

（一）实验样品与条件

实验采用的样品是灯四段气藏储层柱塞岩心，根据实验要求选取了孔隙型岩心 4 块，孔洞型和裂缝—孔洞型岩心各 2 块，岩心的基础物性参数见表 4-3。实验中使用高纯氮气模拟储层中天然气，使用的水样是按照气藏地层水分析资料配置的等矿化度标准盐水，水型为 $CaCl_2$ 型。参照研究区温压条件，设定实验围压 138MPa，气体流动压力 56MPa，温度 150℃。

表 4-3　实验岩心基础物性参数

岩心编号	常规孔隙度（%）	常规渗透率（mD）	岩心类型
G23	3.85	0.038	孔隙型
M35	3.73	0.010	孔隙型
G13	2.33	0.013	孔隙型
G33	1.58	0.007	孔隙型
G28	5.83	0.101	孔洞型
G38	6.15	0.167	孔洞型
G40	4.75	8.681	裂缝—孔洞型
M17	5.04	2.451	裂缝—孔洞型

（二）实验步骤

强非均质岩溶气藏驱替条件下气体单相渗流实验步骤如下：（1）利用增压泵将中间容器内气体增压至 50MPa，然后接入实验管线；（2）将岩心洗净、烘干后放入岩心夹持器中密封，分别利用加热带和恒温箱对岩心夹持器和管线进行加热，使夹持器内岩心温度达到150℃ 要求；（3）逐级同步提升围压和流压分别至 138MPa 和 56MPa；（4）待上游与下游压力稳定后，保持上游压力不变，利用回压泵分别设置不同的下游压力进行驱替，待出口端气流稳定后测量 3 组流量；（5）再将岩心洗净、烘干、抽真空后饱和地层水，利用气驱水的方式建立岩心束缚水饱和度，重复上述步骤进行含束缚水条件下的驱替实验。

（三）不含水条件下单相气体渗流规律描述

1. 孔隙型岩心

4 组孔隙型岩心单相渗流驱替实验结果如图 4-10 和表 4-4 所示。渗流曲线特征与数据表明，不含水孔隙型岩心在高温高压条件下存在启动压力（0.6~1.4MPa），并且在低驱替压差下存在低速非达西渗流阶段（0.6~2.5MPa）。随着压差的增加，流量与压差逐渐呈现出线性关系。当实验压差为 2MPa 时，只有 G23 岩心已经脱离了低速非达西阶段，气体流量达到 3mL/min，而其余 3 块岩心仍处于低速非达西阶段，气体流量在 0.23~0.76mL/min。因此，低速非达西现象抑制了孔隙型储层的产气能力，且在开发初期的低压差生产阶段难以动用。当实验压差达到 5MPa 时，4 块岩心均已进入达西流动阶段，气体流量达到 4.25~12.85mL/min，产气能力到得以恢复。因此，孔隙型储层可在开发的中后期对气藏（气井）整体产能起到补给作用。

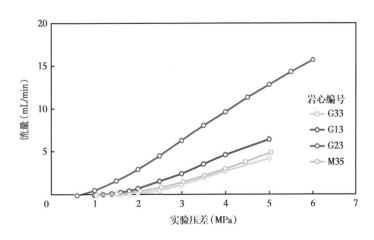

图 4-10　孔隙型岩心驱替条件下渗流曲线

在常温低压条件下，孔隙型干岩心并不存在启动压力与非达西渗流阶段，这是因为超高的有效应力使得岩心孔喉结构受到较大程度的压缩，部分关键喉道被压实；孔道空间也被压缩，使得气体分子与孔道壁面的碰撞急剧增加，气固界面间的相互作用增强，若要动用该类储层必须克服启动压力。通过对比不同物性下的孔隙型岩心渗流曲线可以发现：渗透率越大，启动压力越小，低速非达西阶段越弱，渗流能力相对越强，越容易动用。因此，孔隙型储层在开发初期的低压差生产阶段难以动用，但在中后期可以起到补给高渗透层的作用。

表 4-4　孔隙型岩心单相驱替实验结果

参数		G23	M35	G13	G33
孔隙度（%）		4.05	3.73	2.33	1.58
渗透率（mD）		0.038	0.010	0.013	0.007
启动压力（MPa）		0.6	1.04	1.0	1.4
驱替压差（非达西阶段）（MPa）		0.6~1.0	1.04~2.54	1.0~2.0	1.4~2.5
气体流量 （mL/min）	实验压差 2MPa 时	3.00	0.45	0.76	0.23
	实验压差 5MPa 时	12.85	4.93	6.45	4.25

2. 孔洞型岩心

2 组孔洞型岩心单相渗流驱替实验结果如图 4-11 和表 4-5 所示。渗流曲线特征与数据表明：不含水孔洞型岩心在高温高压条件下不存在启动压力，流量与压差基本符合线性关系；但当驱替压差增大到一定值时（>3.5MPa），曲线开始偏向横坐标，出现了较小程度的非达西现象。当实验压差为 5MPa 时，气体流量分别为 25.08mL/min 和 34.97mL/min，虽然已进入非达西阶段，但对产量的抑制作用较弱。同时由于此阶段的流量较小，故考虑为应力敏感现象引起的渗透率降低。因此，孔洞型储层在开发的任何阶段均可动用，但前期开发时压差较低，产气能力也较弱，故主要在开发中、后期作为主力层位供气。

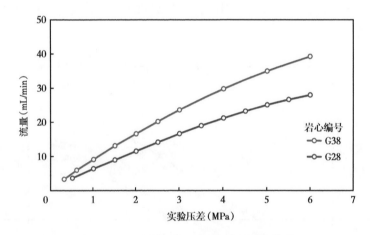

图 4-11　孔洞型岩心驱替条件下渗流曲线

表 4-5　孔洞型岩心单相驱替实验结果

参数		G28	G38
孔隙度（%）		5.83	6.15
渗透率（mD）		0.101	0.167
启动压力（MPa）		无	无
驱替压差（非达西阶段）（MPa）		≥ 3.5	≥ 2.5
气体流量（mL/min）	实验压差 2MPa	11.48	16.55
	实验压差 5MPa	25.08	34.97

3. 裂缝—孔洞型岩心

2组裂缝—孔洞型岩心单相渗流驱替实验结果如图4-12和表4-6所示。渗流曲线特征与数据表明：高温高压条件下不含水裂缝—孔洞型岩心不存在启动压力；低驱替压差阶段流量与压差基本符合线性关系；但随着压差增加（>1MPa），流量的增加幅度受到明显抑制。当实验压差从2MPa增加到3MPa时，气体流量仅增加215.15mL/min和89.10mL/min，抑制程度明显高于孔洞型岩心，且物性越好的岩心高速非达西现象越严重。由于气体流量过大，惯性阻力引起的渗流能力损失已经不能忽略，故考虑为高速非达西阶段。此外，裂缝—孔洞型岩心裂缝发育，驱替压差（有效应力）增大引起的裂缝压缩闭合也是导致流量增加幅度降低的一个重要原因。因此，裂缝—孔洞型储层在气藏（气井）低压差生产前期是主力的供气层位，应尽量控制生产压差避免过早进入高速非达西阶段。通过对比上述3类储层岩心的单相驱替渗流曲线特征可以看出，储层类型多样是强非均质岩溶气藏单相渗流规律复杂的重要原因。

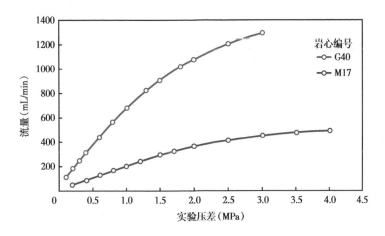

图 4-12　裂缝—孔洞型岩心驱替条件下渗流曲线

表 4-6　裂缝—孔洞型岩心单相驱替实验结果对比

参数		G40	M17
孔隙度（%）		4.75	5.04
渗透率（mD）		8.68	2.45
启动压力（MPa）		无	无
驱替压差（非达西阶段）（MPa）		≥0.9	≥1.3
气体流量（mL/min）	实验压差2MPa	1078.65	365.02
	实验压差3MPa	1293.80	454.12

（四）含束缚水条件下单相气体渗流规律描述

实际储层孔隙内均有束缚水存在，而赋存的束缚水会对气体单相渗流特征产生较大影响。因此，利用气驱的方法建立岩心束缚水饱和度进行单相驱替渗流实验，不含束缚水岩心和含束缚水岩心的实验对比结果如图4-13至图4-15所示。对于孔隙型岩心，束缚水增大了启动压力，并使低速非达西现象更明显，这导致产气能力大幅下降，部分低孔隙度、低渗透率储层难以动用。这是因为孔隙型岩心孔喉细小，毛细管力大，岩石孔喉对水相的捕集作用强，在气相驱替作用下水相难以被驱出而滞留在岩石骨架表面或岩石颗粒之间，使渗流通道减小甚至堵塞，导致启动压力的升高。对于孔洞型岩心，束缚水同样导致渗流能力下降幅度较大；流量与压差一直呈线性关系，高压差下的非达西渗流阶段消失。对于裂缝—孔洞型岩心，束缚水降低了渗流能力但下降幅度相对较小，渗透率越高下降程度越小；束缚水使高速非达西阶段提前，且由该现象引起的产气能力损失程度更大。

驱替压差增大到一定程度后，部分岩心开始产出少量水。这是因为随着驱替压差的增加，孔隙内压力降低，有效应力增加，多孔介质受压变形，孔隙体积减小，孔隙内壁总表面积减少，导致吸附在孔隙内壁的束缚水膜增厚，含水饱和度增加。此时，束缚水在分子力作用下开始由水膜厚处向水膜薄处移动［图4-16（b）］。当整体束缚水膜厚度增加到临界值时［图4-16（c）］，束缚水会在气流作用下由压力高处向压力低处流动，此时岩心中的单相气体渗流变为气水两相流，气体渗流能力明显下降［图4-16（d）］。

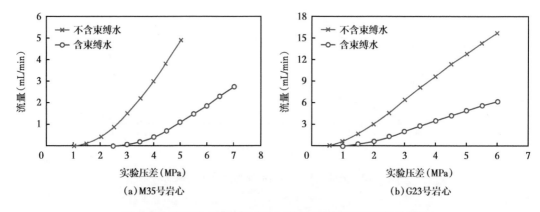

（a）M35号岩心　　　　　　　　　　（b）G23号岩心

图4-13　束缚水对孔隙型岩心气体单相渗流规律的影响曲线

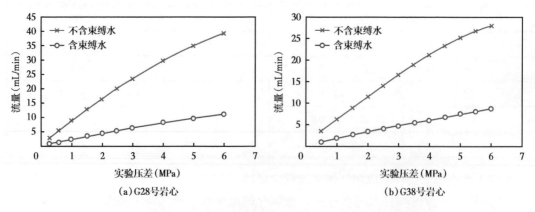

（a）G28号岩心　　　　　　　　　　（b）G38号岩心

图4-14　束缚水对裂缝—孔洞型岩心气体单相渗流规律的影响曲线

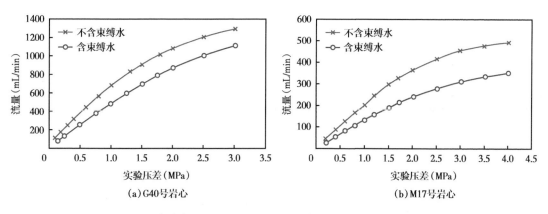

(a)G40号岩心   (b)M17号岩心

图 4-15 束缚水对裂缝—孔洞型岩心气体单相渗流规律的影响曲线

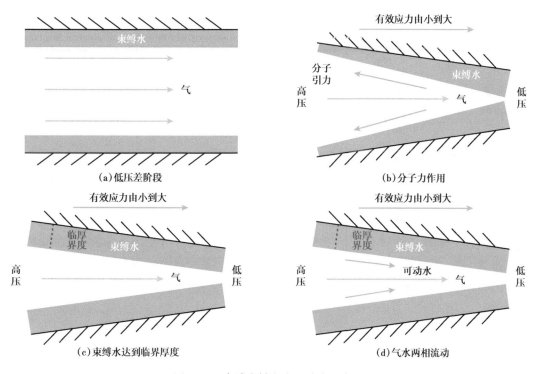

(a)低压差阶段   (b)分子力作用

(c)束缚水达到临界厚度   (d)气水两相流动

图 4-16 束缚水转变为可动水示意图

将 3 类岩心的束缚水饱和度及产气量损失程度总结在表 4-7 中，通过分析表中数据可以得到以下规律：（1）孔隙型岩心束缚水饱和度最高，裂缝—孔洞型岩心最低，这是因为孔隙型岩心的储集空间连通性差，孔喉半径小，毛细管力大；而裂缝—孔洞型岩心储集空间连通性好，且存在大尺寸缝洞，毛细管力小，地层水更易沿高渗透裂缝流出。（2）束缚水使 3 类岩心的产气能力产生了不同程度的下降，其中孔隙型岩心下降幅度最大，裂缝—孔洞型岩心最小。这是因为裂缝—孔洞型岩心的渗流能力主要来自裂缝，而裂缝系统束缚水饱和度低，水对其导流能力的影响很小，因此产气量损失相对较小。

表 4-7　不同类型储层束缚水饱和度及产气量损失程度统计表

岩心编号	岩心类型	孔隙度（%）	渗透率（mD）	束缚水饱和度（%）	气体流量（mL/min）		损失程度（%）
					3MPa 时，干岩心	3 MPa 时，湿岩心	
G23	孔隙型	4.05	0.038	23.43	6.44	1.86	71.12
M35	孔隙型	3.37	0.010	25.74	1.52	0.06	96.05
G28	孔洞型	5.83	0.101	21.58	23.60	6.51	72.42
G38	孔洞型	6.15	0.167	19.39	16.61	4.86	70.74
G40	裂缝—孔洞型	4.75	8.681	13.74	1293.80	1111.11	14.12
M17	裂缝—孔洞型	5.04	2.451	15.63	454.12	310.08	31.72

三、衰竭条件下单相气体渗流规律描述

衰竭条件下的单相气体渗流实验可以用来模拟并研究强非均质岩溶气藏不同类型储层衰竭开发过程中的产气能力、压力变化及采出程度，判断气藏在不同条件下的储量动用程度及动态规律。

（一）实验样品与条件

实验采用的样品是灯四段气藏储层柱塞岩心，根据实验要求选取了孔隙型、孔洞型和裂缝—孔洞型岩心各 1 块进行 5 个压差（1.5MPa、2MPa、3MPa、4MPa 和 5MPa）下的衰竭开发模拟实验，岩心的基础物性参数见表 4-8。为了使实验中统计的累产气量具有可比性，选取的 3 类储层岩心的孔隙体积相近。实验中使用高纯氮气模拟储层中的天然气，使用的水样是按照气藏地层水分析资料配置的等矿化度标准盐水，水型为 $CaCl_2$ 型。参照研究区温压条件，设定实验围压 138MPa，气体流动压力 56MPa，温度 150℃。

表 4-8　实验岩心基础物性参数

岩心编号	孔隙度（%）	渗透率（mD）	岩心类型
M25	3.54	0.008	孔隙型
G14	3.92	0.213	孔洞型
G27	3.71	6.175	裂缝—孔洞型

（二）实验步骤

强非均质岩溶气藏衰竭条件下气体单相渗流实验步骤如下：（1）利用增压泵将中间容器内气体增压至 50MPa，然后将其接入实验管线；（2）将岩心洗净、烘干后放入岩心夹持

器中密封，分别利用加热带和恒温箱对岩心夹持器和管线进行加热，使夹持器内岩心温度达到150℃要求；（3）逐级同步提升围压和流压分别至138MPa和56MPa；（4）待上游与下游压力稳定后，先关闭上游进气口阀门，再打开下游出气口阀门，利用回压泵分别设置不同的下游压力进行衰竭模拟，并利用计算机实时记录上游与下游压力及气体流量数据；（5）再将岩心洗净、烘干、抽真空后饱和地层水，利用气驱水的方式建立岩心束缚水饱和度，重复上述步骤进行含束缚水条件下的衰竭开发模拟实验。

（三）不含水条件下单相气体渗流规律描述

1.裂缝—孔洞型岩心

裂缝—孔洞型岩心不同压差下的单相渗流衰竭实验结果如图4-17所示。渗流曲线特征表明：（1）衰竭初期上游压力急剧下降，上游与下游压差在初期先急剧增大，然后快速下降，在中后期保持低压差稳定生产［图4-17（a）（b）］；（2）上游与下游压差均无法达到设定的衰竭压差数值，因为裂缝的导流能力很强，上游压力波很快传递至下游，使得上游与下游的压差不会相差太大［图4-17（b）］；（3）衰竭初期累计产气量较高，占总产量的80%左右，而后期稳产阶段累计产气量较少［图4-17（c）］；（4）瞬时产气量先急剧上升，然后快速下降，最终稳定在一个较低的数值［图4-17（d）］。

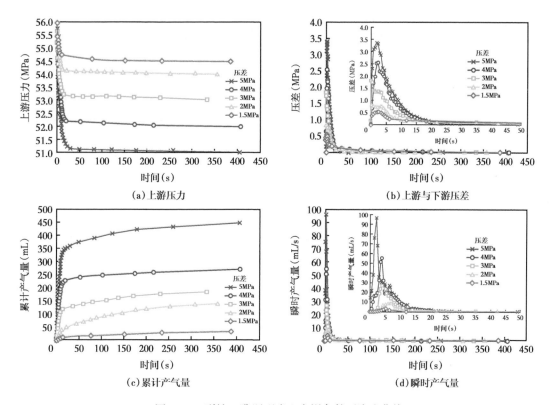

图4-17　裂缝—孔洞型岩心衰竭条件下渗流曲线

2.孔洞型岩心

孔洞型岩心不同压差下的单相渗流衰竭实验结果如图4-18所示。渗流曲线特征表明：（1）衰竭初期上游压力和上下游压差都较快下降，随着衰竭时间的增加下降幅度逐渐变缓，与裂缝—孔洞型岩心相比，压力变化相对平缓［图4-18（a）（b）］；（2）上下游压差在衰竭开始时便可达到设定的数值，这是因为孔洞型岩心的渗流能力较差，上游压力不能及时补充下游压力所致［图4-18（b）］；（3）衰竭初期累计产气量只占总产气量的35%，后期稳产阶段的产气量较多，稳产期时间较长，这与裂缝—孔洞型岩心差别很大［图4-18（c）］；（4）瞬时产气量先急剧上升，然后快速下降，最终稳定在一个较低的数值［图4-18（d）］。

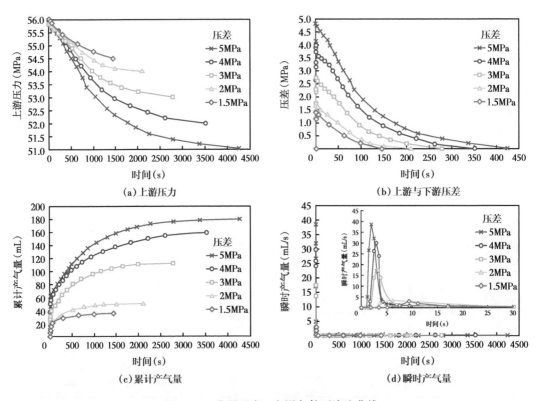

(a) 上游压力

(b) 上游与下游压差

(c) 累计产气量

(d) 瞬时产气量

图4-18　孔洞型岩心衰竭条件下渗流曲线

3. 孔隙型岩心

孔隙型岩心不同压差下的单相渗流衰竭实验结果如图4-19所示。渗流曲线特征表明：（1）衰竭前期上游压力和上下游压差基本呈直线下降，随着时间的增加下降幅度趋于平缓，与其他类型岩心相比，压力变化相对稳定［图4-19（a）（b）］；（2）上下游压差在衰竭开始时也可达到设定的数值［图4-19（b）］；（3）衰竭压差设置在1.5MPa以下时，衰竭实验很快结束，只产出极少量的气体，考虑为启动压力的影响，这与驱替条件下的单相渗流实验结果相似；（4）衰竭初期累计产气量只占总产量的30%，后期稳产阶段累计产气量较多，稳产期时间较长，这与孔洞型岩心相似［图4-19（c）］；（5）瞬时产气量先急剧上升，然后快速下降，最终稳定在一个较低的数值［图4-19（d）］，对于定容定压衰竭实验，这是普遍现象。

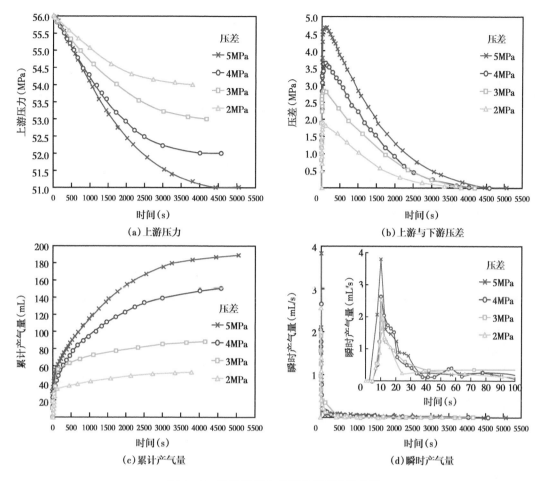

图 4-19 孔隙型岩心衰竭条件下渗流曲线

（四）含束缚水条件下单相气体渗流规律描述

1. 裂缝—孔洞型岩心

通过对比同一块裂缝—孔洞型岩心（G27）不含束缚水与含束缚水条件下衰竭开发模拟实验结果可以看出：（1）含束缚水岩心的上游压力与不含束缚水时相比下降速度变缓［图 4-20（a）］，说明束缚水起到了延缓压力波传播速度的作用；（2）不含束缚水岩心的上下游压差上升快，下降也快，而含束缚水岩心的压差变化相对滞后［图 4-20（b）］；（3）不含束缚水岩心的累计产气量始终高于含束缚水岩心，但最终累计产气量相差较小［图 4-20（c）］；（4）衰竭初期不含束缚水岩心的瞬时产气量高，而后期稳产阶段的瞬时产气量相差很小［图 4-20（d）］；（5）含束缚水岩心的最大瞬时产气量低于不含束缚水岩心，且瞬时产气量在一段时间后才会急剧上升，存在滞后阶段［图 4-20（d）］。

通过对比含束缚水与不含束缚水条件下裂缝—孔洞型岩心在不同衰竭压差下的累计产气量可以看出（表 4-9），随着衰竭压差的降低，束缚水对衰竭开发采收率的影响越来越大，产气量损失程度越来越高。

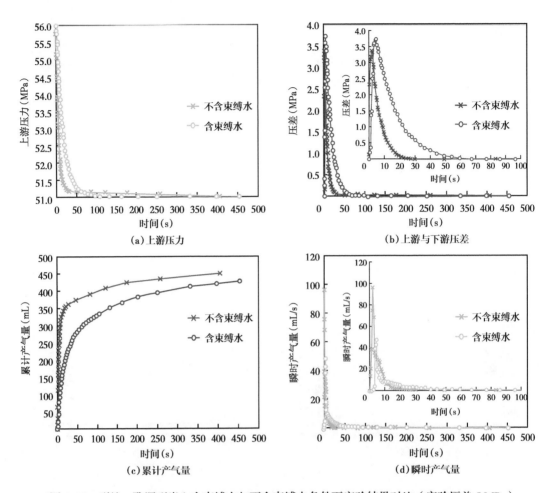

图 4-20 裂缝—孔洞型岩心含束缚水与不含束缚水条件下实验结果对比（实验压差 5 MPa）

表 4-9 裂缝—孔洞型岩心不同衰竭压差下含束缚水与不含束缚水累计产气量对比

压差（MPa）		5	4	3	2	1.5
累计产气量（mL）	不含束缚水条件	450	272	184	139	34
	含束缚水条件	426.4	235.2	150.8	112	27
产气量损失程度（%）		5.24	13.61	18.04	19.54	20.59

2. 孔洞型岩心

通过对比同一块孔洞型岩心不含束缚水与含束缚水条件下衰竭开发模拟实验结果可以看出：（1）上游压力衰竭到相同压力时，含束缚水岩心需要更长的时间［图 4-21（a）］，压力传播速度减慢；（2）岩心上游与下游压差在衰竭初期相差较小，但随着时间的增加差别逐渐增大［图 4-21（b）］；（3）不含束缚水岩心的累计产气量始终高于含束缚水岩心，且最终累计产气量相差较大［图 4-21（c）］，由此可见束缚水对孔洞型岩心产能及采收率的影响要远大于裂缝—孔洞型岩心，这与驱替条件下的单相渗流实验结果相似；（4）衰

64

竭初期，不含束缚水岩心的瞬时产气量高，后期稳产阶段的瞬时产气量虽然绝对值相差很小，但相对值相差较大［图4-21（d）］；（5）含束缚水岩心的最大瞬时产气量低于不含束缚水岩心，且瞬时产气量在一段时间后才会急剧上升，存在滞后阶段，这也是压力波传播变慢的一种体现［图4-21（d）］。

　　通过对比含束缚水与不含束缚水条件下孔洞型岩心在不同衰竭压差下的累计产气量可以看出（表4-10），随着衰竭压差的减小，束缚水对衰竭开发采收率的影响逐渐增加，但增加幅度较小。对于裂缝—孔洞型和孔洞型岩心，低压差下束缚水引起的产能损失程度差别不大，但高压差下的束缚水对孔洞型岩心的影响更大一些。

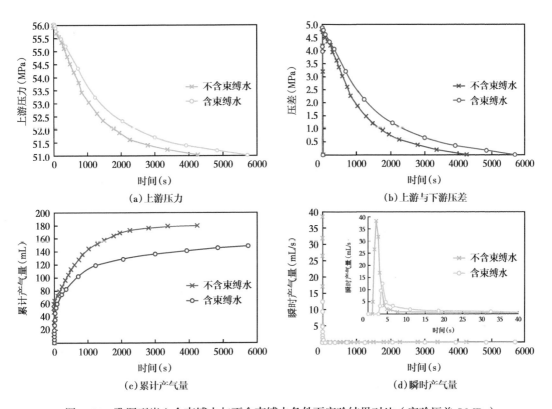

图4-21　孔洞型岩心含束缚水与不含束缚水条件下实验结果对比（实验压差5MPa）

表4-10　孔洞型岩心不同衰竭压差下含束缚水与不含束缚水累计产气量对比

压差（MPa）		5	4	3	2	1.5
累计产气量（mL）	不含束缚水条件	180	159	112	50	35
	含束缚水条件	148	130	90.8	39.7	27.5
产气量损失程度（%）		17.78	17.61	18.93	20.6	21.43

3. 孔隙型岩心

　　通过对比孔隙型岩心（M25）不含束缚水与含束缚水条件下的衰竭开发模拟实验结果可以看出（图4-22），孔隙型岩心的压力、累计产气量与瞬时产气量的变化规律与孔洞型岩心相似，但束缚水在孔隙型岩心中对压力的传播、产能和采收率的影响相比孔洞型岩心要更大一些。通过对比含束缚水与不含束缚水条件下孔隙型岩心在不同衰竭压差下的累计产气量可以看出（表4-11），随着衰竭压差的减小，束缚水对衰竭开发采收率的影响逐渐增加且增幅较大；相同的衰竭压差下，孔隙型岩心的产气量损失程度最大；束缚水增大了启动压力，导致2MPa时无气体产出，这与孔隙型岩心单相驱替实验结果相似。

表4-11　孔隙型岩心不同衰竭压差下含束缚水与不含束缚水累计产气量对比

压差（MPa）		5	4	3	2	1.5
累计产气量（mL）	不含束缚水条件	190	151	89	53	0
	含束缚水条件	147	105.1	56.5	0	0
产气量损失程度（%）		22.63	30.40	35.52	100	100

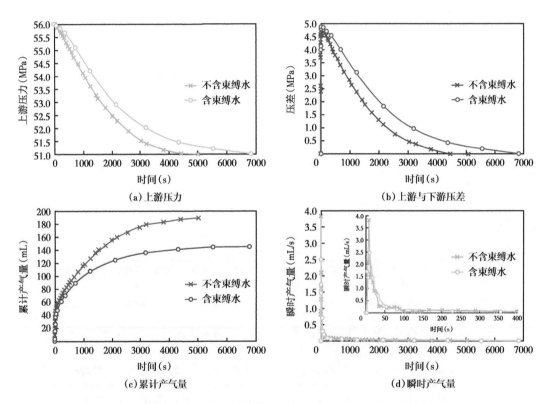

（a）上游压力　　　　　　　　　　（b）上游与下游压差

（c）累计产气量　　　　　　　　　　（d）瞬时产气量

图4-22　孔隙型岩心含束缚水与不含束缚水条件下实验结果对比（实验压差5MPa）

4. 三类岩心实验结果对比

通过把3类岩心衰竭条件下单相气体渗流实验结果放在同一个图中进行对比分析，可以得出以下结论：（1）裂缝—孔洞型岩心上游压力衰竭到相同压力时所需要的时间远小于孔隙型和孔洞型岩心，且裂缝—孔洞型岩心衰竭初期产出的气量较大，而孔隙型和孔洞型岩心主要在中、后期平稳供气［图4-23（a）］；（2）束缚水使3类岩心的压力波传播减缓，压力下降速度减慢［图4-23（b）］；（3）束缚水导致3类岩心的累计产气量和衰竭采收率都有不同程度的降低，其中裂缝—孔洞型岩心由于存在高渗透性裂缝与大孔道，受影响程度较小，而孔隙型岩心由于孔喉尺寸小，受影响程度较大，最终裂缝—孔洞型储层的累计产气量和衰竭采收率要远高于孔隙型和孔洞型储层［图4-23（c）］；（4）束缚水使3类岩心的瞬时产气量均产生了不同程度的降低，其中裂缝—孔洞型岩心的最大瞬时产气量最高，体现出最强的渗流能力，而孔隙型岩心的瞬时产气量最低［图4-23（d）］。

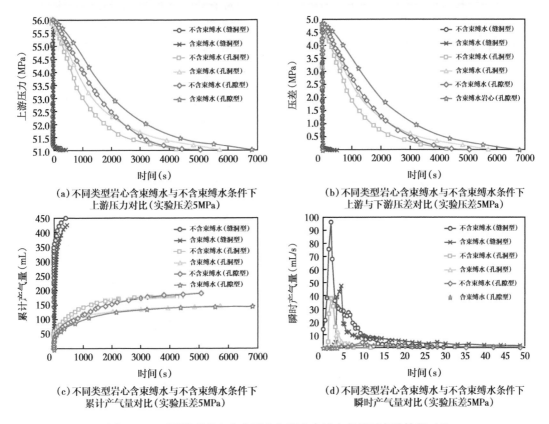

（a）不同类型岩心含束缚水与不含束缚水条件下
上游压力对比（实验压差5MPa）

（b）不同类型岩心含束缚水与不含束缚水条件下
上游与下游压差对比（实验压差5MPa）

（c）不同类型岩心含束缚水与不含束缚水条件下
累计产气量对比（实验压差5MPa）

（d）不同类型岩心含束缚水与不含束缚水条件下
瞬时产气量对比（实验压差5MPa）

图4-23　不同类型岩心含束缚水与不含束缚水条件下实验结果对比

第三节　强非均质岩溶气藏气井产能描述技术

针对裂缝—孔洞型气藏复杂地质特征，基于离散介质模型、流体力学和渗流力学，建立岩溶缝洞型储层气井产能模型及其快速求解方法，绘制不同储渗体占比与气井产能关系图版，预测气井在不同配产下稳产时间，厘清安岳气田震旦系气藏气井高产稳产的关键因素。

一、离散介质不稳定渗流模型的建立

裂缝—孔洞型气藏中溶蚀孔洞是流体的主要储集空间，离散分布在空间范围内，形成岩溶裂缝—孔洞型储渗体；局部发育低孔隙度、高渗透连通带，具备良好的渗透性，起到沟通岩溶储渗体与井筒的作用，即储渗体与井筒之间的高渗透连通带。基于离散介质理论，高渗透连通带为板块，简化为立方平板；岩溶孔洞型储渗体简化为圆柱体；其基质部分作为封隔体，不参与流体流动，能够更准确地对真实裂缝—孔洞型储层规律进行描述。针对最能反映真实地层情况的岩溶储渗体和高渗透连通带的两种组合：多个岩溶储渗体边缝叠加模型和多个岩溶储渗体串联叠加模型，分别建立适用于研究区内直井的不稳定渗流模型。

（一）多个岩溶储渗体边缝叠加不稳定渗流模型

1. 物理模型

考虑一口井通过高渗透连通带与岩溶储渗体 L_1、岩溶储渗体 L_2、…、岩溶储渗体 L_N 连通的情况（图 4-24），不用考虑该单个岩溶储渗体边缝模型的位置和角度，将高渗连通带简化为立方平板，可视作"裂缝"，岩溶孔洞型储渗体简化为圆柱体，建立相应的物理模型。

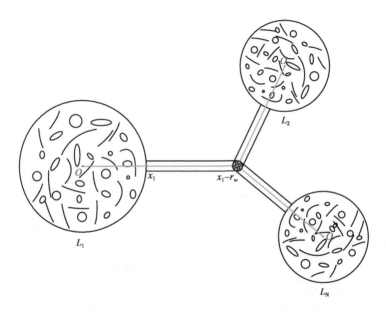

图 4-24　多个岩溶储渗体边缝叠加模型物理模型

2. 模型假设

（1）每个岩溶储渗体为相互独立的，相互之间不发生窜流，等厚、顶底封闭且外边界封闭的圆柱体，且仅通过高渗透连通带流入井筒中，气藏温度恒定为 T，原始地层压力 p_e；

（2）完井方式为射孔完井，井筒周围考虑高速非达西效应，气体在高渗透连通带视为线性流动；

（3）气井的总产气量完全依靠岩溶储渗体弹性膨胀获得；

（4）气体在岩溶储渗体及高渗透连通带内的渗流均为单相等温稳态渗流，且为拟稳态流动状态；

（5）高渗透连通带断面的宽度和高度相等；

（6）忽略表皮效应、气体滑脱效应、重力和毛细管力的影响。

3. 数学模型及求解

分别以每个岩溶储渗体中心为原点 O，建立如图 4-24 所示的坐标系，岩溶储渗体通过高渗连通带与气井连通，假设高渗连通带在 x_1 处与岩溶储集体相连，在 x_1-r_w 处与气井相连，考虑质量守恒原理，高渗连通带衔接处压力和流量相等，同时满足达西渗流规律，

建立第 i 个岩溶储渗体边缝数学模型，即：

$$\begin{cases} \dfrac{3.6K_f}{\phi_f \mu C_{ft}} \dfrac{\partial^2 m_f}{\partial r^2} = \dfrac{\partial m_f}{\partial t} & (x \in [r_{ei}, r_w]) \\[2mm] m_f \big|_{r=r_{ei}} = m_i \\[2mm] \dfrac{\partial m_f}{\partial x}\bigg|_{r=r_{ei}} = -\dfrac{\mu}{86.4 K_f L_2 W}\left(\pi R_i^{\ 2} H_i \phi_i C_{it} \dfrac{dm_i}{dt}\right) \\[2mm] m_f \big|_{r=r_{wf}} = m_{wf} \end{cases} \tag{4-1}$$

式中 K_f——"裂缝"的渗透率，mD；

　　　　ϕ_f——"裂缝"的孔隙度；

　　　　m_f——"裂缝"的拟压力，MPa²/(mPa·s)；

　　　　m——拟压力，MPa²/(mPa·s)；

　　　　C_{ft}——岩溶储渗体的综合压缩系数，MPa⁻¹；

　　　　m_{wf}——井底拟压力，MPa；

　　　　μ 气体的黏度，mPa·s；

　　　　L_2——"裂缝"的宽度，m；

　　　　W——"裂缝"的高度，m；

　　　　ϕ——岩溶储渗体的孔隙度；

　　　　t——时间，h；

　　　　r——径向距离，m；

　　　　R——岩溶储渗体的半径，m；

　　　　H——岩溶储渗体的厚度，m；

　　　　r_w——井筒半径，m；

　　　　r_e——岩溶储渗体的半径，m。

此外，气井的产量完全依靠多个岩溶储渗体内部流体弹性能量采出，因此气井产量等于多个岩溶储渗体边缝叠加模型的产量之和，即：

$$\sum_i^n q_i + q_{sc} B_g = 0 \tag{4-2}$$

式中 q_i——岩溶储渗体边缝模型的产量，m³/d；

　　　　q_{sc}——标准状态下的产量，m³/d；

　　　　B_g——气体体积系数。

将多个岩溶储渗体边缝叠加模型无量纲化后得到无量纲数学模型，即：

$$\begin{cases} \dfrac{\partial^2 m_{fD}}{\partial r_D^2} = \omega_f \dfrac{\partial m_{fD}}{\partial t_D} & (x \in [r_{eDi}, 1]) \\[2mm] m_{fD}\big|_{r_D = r_{eDi}} = m_{Di} \\[2mm] \dfrac{\partial m_{fD}}{\partial t_D}\bigg|_{r_D = r_{wDi}} = \dfrac{R_{Di}^3 \omega_i}{L_{2D} W_D} \dfrac{dm_{Di}}{dt_D} \\[2mm] m_{fD}\big|_{r_D = r_{wfD}} = m_{wfD} \end{cases} \tag{4-3}$$

式中 m_{fD}——无量纲"裂缝"的拟压力；

      r_D——无量纲径向距离；

      t_D——无量纲时间；

      r_{eD}——无量纲径向距离；

      R_D——无量纲岩溶储渗体的半径；

      L_{2D}——无量纲"裂缝"的宽度；

      W_D——无量纲"裂缝"的高度；

      ω_f——"裂缝"储容比；

      ω_i——第 i 个岩溶储渗体溶洞储容比；

      m_{wfD}——无量纲井底拟压力。

对模型进行 Laplace 变换，变换为：

$$\begin{cases} \dfrac{\partial^2 \overline{m_{fD}}}{\partial r_D^2} = \omega_f S \overline{m_{fD}} \\[2mm] \overline{m_{fD}}\Big|_{r_D = r_{eDi}} = \overline{m_{Di}} \\[2mm] \dfrac{\partial \overline{m_{fD}}}{\partial r_D}\Big|_{r_D = r_{eDi}} = \dfrac{R_{Di}^3 \omega_i S}{L_{2D} W_D} \overline{m_{Di}} \\[2mm] \overline{m_{fD}}\Big|_{r_D = r_{wfD}} = \overline{m_{wfD}} \end{cases} \tag{4-4}$$

式中 S——拉普拉斯算子。

通过引入无量纲化变量和 Laplace 变换，求解得到多个岩溶储渗体边缝叠加模型无量纲井底压力在拉普拉斯空间的表达式：

$$\overline{m_{wD}} = \dfrac{A}{\displaystyle\sum_i^n \dfrac{a_{1i} a_{3i} - a_{2i}/a_{3i}}{a_{1i} a_{3i} + a_{2i}/a_{3i}}} \tag{4-5}$$

其中

$$a_{1i} = 1 - \dfrac{\omega_i R_{iD}^3 S}{L_{2D} W_D \sqrt{w_f S}}$$

$$a_{2i} = 1 + \dfrac{\omega_i R_{iD}^3 S}{L_{2D} W_D \sqrt{w_f S}}$$

$$a_{3i} = e^{\sqrt{w_f S} - \sqrt{w_f S} r_{eDi}}$$

$$A = -\dfrac{1}{L_{2D} W_D S \sqrt{w_f S}}$$

4. 典型试井曲线敏感性分析

对岩溶储渗体外边界封闭条件下的无量纲拉普拉斯空间井底压力进行 Stehfest 数值反演，利用 MATLAB 编程语言实现，绘制出多个岩溶储渗体边缝叠加模型压力动态响应曲线，并分析该模型的典型曲线特征。然后，选取与岩溶储渗体边缝叠加模型叠加数量 n、各个岩溶储渗体无量纲半径和各条"裂缝"的延伸长度 3 个参数对压力动态响应曲线进行敏感性分析。

1）多个岩溶储渗体边缝叠加模型典型曲线基本特征

图 4-25 是 3 个岩溶储渗体边缝叠加时的压力动态响应曲线图，根据曲线特征将曲线划分为 3 个阶段："裂缝"线性流阶段、3 个岩溶储渗体过渡段、拟稳定流动阶段。

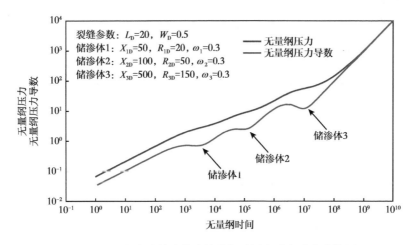

图 4-25 3 个岩溶储渗体边缝叠加时压力动态响应曲线图

第 1 个阶段反映的是线性流阶段，反映压力在高渗透连通带中的传播，压力和压力导数曲线斜率为 0.5 的不重合直线；第 2 个阶段反映的是压力沿高渗透连通带传播到岩溶储渗体，3 个岩溶储渗体开始先后向高渗透连通带供气，压力曲线出现一个台阶，压力导数曲线出现一个凹子；第 3 个阶段反映的是整个系统的拟稳态流动阶段，压力迅速传播到整个系统的边界，压力和压力导数曲线均呈斜率为 1 的直线且重合。

2）多个岩溶储渗体边缝叠加模型典型曲线敏感性分析

主要从与岩溶储渗体边缝模型叠加数量、各个岩溶储渗体无量纲半径、各条"裂缝"的延伸长度、各储渗体储容比等 4 个方面对模型的敏感性进行分析。

（1）岩溶储渗体个数对试井曲线的影响。

由模型可知，岩溶储渗体边缝叠加模型边缝叠加数量是影响典型曲线的重要因素，直接影响整个典型曲线形态。采用单因素分析法，分别绘制岩溶储渗体个数在 2、3 和 4 时的边缝叠加模型典型曲线，如图 4-26 所示。在其他特征参数不变的情况下，岩溶储渗体个数直接决定着压力曲线台阶数量与压力导数曲线的凹子数量，即压力曲线会出现多少个台阶，压力导数曲线会有多个凹子。

（2）不同岩溶储渗体大小对试井特征曲线的影响。

设计 3 个岩溶储渗体，在其他参数不变的情况下，改变 3 个岩溶储渗体无量纲半径，即 R_{1D}=10，20，30，40；R_{2D}=40，60，80，100；R_{3D}=100，200，300，400。分别绘制了岩溶储渗体边缝叠加的试井典型曲线。如图 4-27 至图 4-29 所示，各个岩溶储渗体无量纲半径各自影响着过渡阶段压力导数曲线对应凹子的深度，无量纲半径越大，凹子越深。此外，前面的岩溶储渗体大小对后续的凹子的深度也会产生影响。

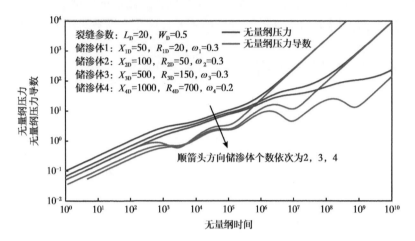

图4-26 岩溶储渗体边缝叠加时储渗体个数对典型试井曲线的影响

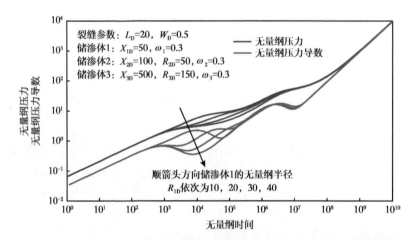

图4-27 第1个岩溶储渗体边缝叠加时无量纲半径对典型试井曲线的影响

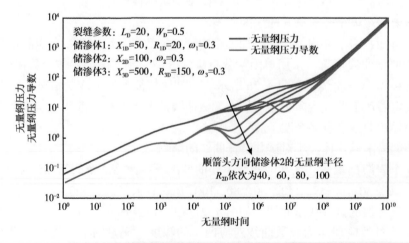

图4-28 第2个岩溶储渗体边缝叠加时无量纲半径对典型试井曲线的影响

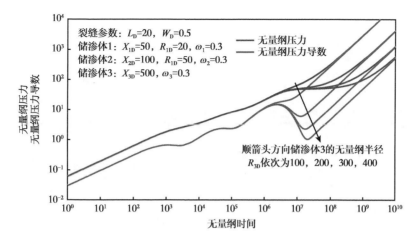

图 4-29 第 3 个岩溶储渗体边缝叠加时无量纲半径对典型试井曲线的影响

（3）不同裂缝长度对试井特征曲线的影响。

设计 3 个岩溶储渗体，在其他参数不变的情况下，改变 3 条裂缝的无量纲长度，即 X_{1D}=20，30，40，50；X_{2D}=100，150，200，250；X_{3D}=400，500，600，700。分别绘制了岩溶储渗体边缝叠加的试井典型曲线。如图 4-30 至图 4-32 所示，3 条高渗岩溶连通带无量纲长度 X_{1D}、X_{2D} 和 X_{3D} 分别影响着过渡段无量纲压力导数对应凹子出现的时间和深度，长度越小，凹子出现越快，高渗透连通带线性流持续的时间越短，压力波越短的时间到达岩溶储渗体，过渡阶段无量纲压力导数曲线凹子位置越深。

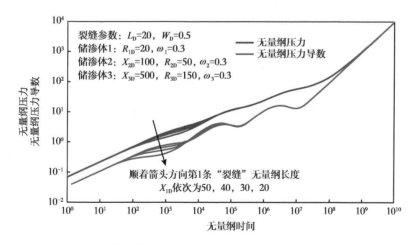

图 4-30 边缝叠加时第 1 条"裂缝"无量纲长度对典型试井曲线的影响

（4）不同岩溶储渗体溶洞储容比对试井特征曲线的影响。

设计 3 个岩溶储渗体，在其他参数不变的情况下，改变 3 个岩溶储渗体溶洞储容比，即 ω_1=0.1，0.2，0.3，0.4；ω_2=0.1，0.2，0.3，0.4；ω_3=0.1，0.2，0.3，0.4，分别绘制了岩溶储渗体边缝叠加的试井典型曲线。如图 4-33 至图 4-35 所示，3 个岩溶储渗体溶洞储容比 ω_1、ω_2 和 ω_3 分别影响着过渡段无量纲压力导数对应凹子出现和深度，ω 越大，相应过渡阶段无量纲压力导数曲线凹子位置越深。

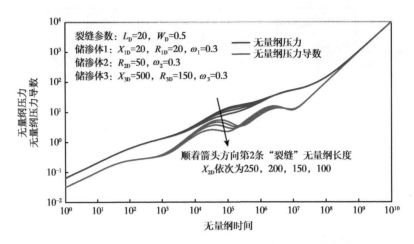

图 4-31　边缝叠加时第 2 条"裂缝"无量纲长度对典型试井曲线的影响

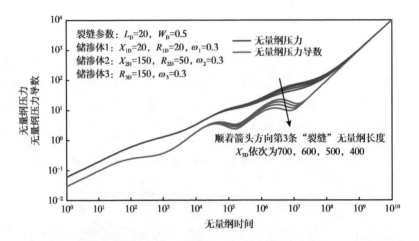

图 4-32　边缝叠加时第 3 条"裂缝"无量纲长度对典型试井曲线的影响

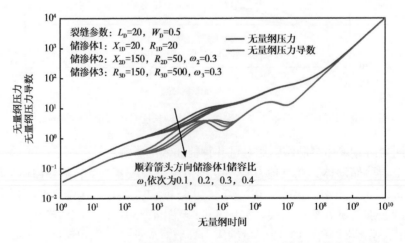

图 4-33　第 1 个岩溶储渗体边缝叠加时溶洞储容比对典型试井曲线的影响

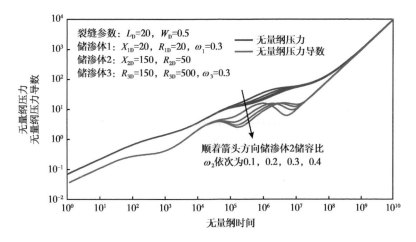

图 4-34 第 2 个岩溶储渗体边缝叠加时溶洞储容比对典型试井曲线的影响

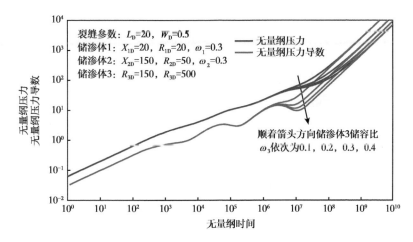

图 4-35 第 3 个岩溶储渗体边缝叠加时溶洞储容比对典型试井曲线的影响

（二）多个岩溶储渗体串联叠加不稳定渗流模型

1. 物理模型

考虑一口直井打在一个岩溶储渗体 R 上，通过高渗透连通带与岩溶储渗体 L_1、岩溶储渗体 L_2、…、岩溶储渗体 L_N 连通的情况，不用考虑该单个岩溶储渗体边缝模型的位置和角度，将高渗连通带简化为立方平板，可视作"裂缝"，岩溶孔洞型储渗体简化为圆柱体，建立相应的物理模型。其基本假设条件与多个岩溶储渗体边缝叠加模型假设条件大同小异。

2. 模型假设

（1）每个岩溶储渗体为相互独立的，相互之间不发生窜流，等厚、顶底封闭且外边界封闭的圆柱体，且仅通过高渗透连通带流入井筒中，气藏温度恒定为 T，原始地层压力 p_e；

（2）完井方式为射孔完井，井筒周围考虑高速非达西效应，气体在高渗透连通带视为线性流动；

（3）气井的总产量完全依靠岩溶储渗体弹性膨胀获得；

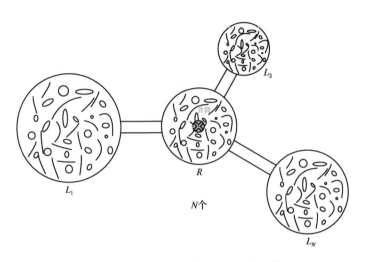

图 4-36　多个岩溶储渗体串联叠加物理模型

（4）气体在岩溶储渗体及高渗透连通带内的渗流均为单相等温稳态渗流，且为拟稳态流动状态；

（5）高渗透连通带断面的宽度和高度相等；

（6）忽略表皮效应、气体滑脱效应、重力和毛细管力的影响。

因此，将整个模型由纯岩溶储渗体弹性膨胀模型、高渗透连通带线性渗流和岩溶储渗体拟稳态流动 3 个阶段组成，分别推导渗流方程。

3. 数学模型建立及求解

高渗透连通带作为主要渗流通道，考虑质量守恒原理，高渗透连通带衔接处压力和流量相等，同时满足达西渗流规律，建立第 i 个岩溶储渗体串联数学模型，即：

$$\begin{cases} \dfrac{3.6K_f}{\phi_f \mu C_{ft}}\dfrac{\partial^2 m_f}{\partial r^2} = \dfrac{\partial m_f}{\partial t} & (r \in [r_{ei}, r_w]) \\[2mm] m_f\big|_{r=r_{ei}} = m_i \\[2mm] \dfrac{\partial m_f}{\partial r}\bigg|_{r=r_{ei}} = \dfrac{\mu}{86.4K_f L_2 W}\left(\pi R_i^2 H_i \phi_i C_{it}\dfrac{dm_i}{dt}\right) \\[2mm] m_f\big|_{r=r_R} = m_R = m_{wf} \end{cases} \qquad (4\text{-}6)$$

式中　K_f——"裂缝"的渗透率，mD；

$\quad\quad \phi_f$——"裂缝"的孔隙度；

$\quad\quad m_f$——"裂缝"的拟压力，$MPa^2/(mPa\cdot s)$；

$\quad\quad m$——拟压力，$MPa^2/(mPa\cdot s)$；

$\quad\quad C_{ft}$——岩溶储渗体的综合压缩系数，MPa^{-1}；

$\quad\quad m_{wf}$——井底拟压力，MPa；

$\quad\quad m_R$——岩溶储渗体 R 的拟压力，$MPa^2/(mPa\cdot s)$；

$\quad\quad \mu$——气体的黏度，$mPa\cdot s$；

$\quad\quad L_2$——"裂缝"的宽度，m；

W——"裂缝"的高度，m；

ϕ——岩溶储渗体的孔隙度；

t——时间，h；

r——径向距离，m；

R——岩溶储渗体的半径，m；

H——岩溶储渗体的厚度，m；

r_{w}——井筒半径，m；

r_{e}——岩溶储渗体的半径，m。

此外，气井的产量完全依靠多个岩溶储渗体内部流体弹性能量采出，根据质量守恒原理得到：

$$\sum_{i}^{n}q_i=q_{\mathrm{gsc}}B_{\mathrm{g}}-\pi R_R^2 H_R \phi_R C_{Rt}\frac{\mathrm{d}m_R}{\mathrm{d}t}\tag{4-7}$$

式中　q_i——岩溶储渗体边缝模型的产量，m^3/d；

q_{gsc}——标准状态下气井的地面产量，m^3/d；

B_{g}——气体体积系数；

R_R——岩溶储渗体 R 的半径，m；

ϕ_R——岩溶储渗体 R 的孔隙度；

C_{Rt}——岩溶储渗体 R 的综合压缩系数，MPa^{-1}；

H_R——岩溶储渗体 R 的厚度，m。

将多个岩溶储渗体串联叠加模型无量纲化后得到无量纲数学模型：

$$\begin{cases}\dfrac{\partial^2 m_{\mathrm{fD}}}{\partial r_{\mathrm{D}}^2}=\omega_{\mathrm{f}}\dfrac{\partial m_{\mathrm{fD}}}{\partial t_{\mathrm{D}}}\left(x_{\mathrm{D}}\in\left[r_{\mathrm{eD}i},1\right]\right)\\[2mm]m_{\mathrm{fD}}\big|_{x_{\mathrm{D}}=x_{\mathrm{eD}i}}=m_{i\mathrm{D}}\\[2mm]\dfrac{\partial m_{\mathrm{fD}}}{\partial r_{\mathrm{D}i}}\bigg|_{r_{\mathrm{D}}=r_{\mathrm{eD}i}}=\dfrac{R_{\mathrm{D}i}^3\omega_i}{L_{2\mathrm{D}}W_{\mathrm{D}}}\dfrac{\mathrm{d}m_{\mathrm{fD}i}}{\mathrm{d}t_{\mathrm{D}}}\\[2mm]m_{\mathrm{fD}}\big|_{r_{\mathrm{D}i}=r_{\mathrm{wD}}}=m_{\mathrm{wfD}}\\[2mm]\displaystyle\sum_i^n\dfrac{m_{\mathrm{fD}}}{r_{\mathrm{D}i}}\bigg|_{r_{\mathrm{D}i}=r_{\mathrm{wD}}}=\dfrac{1}{L_{2\mathrm{D}}W_{\mathrm{D}}}-\dfrac{\omega_{\mathrm{D}}R_{R\mathrm{D}}^3}{L_{2\mathrm{D}}W_{\mathrm{D}}}\dfrac{\mathrm{d}m_{R\mathrm{D}}}{\mathrm{d}t_{\mathrm{D}}}\end{cases}\tag{4-8}$$

式中　m_{fD}——无量纲"裂缝"的拟压力；

r_{D}——无量纲径向距离；

t_{D}——无量纲时间；

r_{eD}——无量纲径向距离；

R_{D}——无量纲岩溶储渗体的半径；

$L_{2\mathrm{D}}$——无量纲"裂缝"的宽度；

W_{D}——无量纲"裂缝"的高度；

ω_{f}——"裂缝"储容比；

m_{wD}——无量纲井底拟压力。

对模型进行 Laplace 变换，变换为：

$$\begin{cases} \dfrac{\partial^2 \overline{m_{\mathrm{fD}}}}{\partial r_{\mathrm{D}}^2} = \omega_{\mathrm{f}} S \overline{m_{\mathrm{fD}}} \\[2mm] \overline{m_{\mathrm{fD}}}\Big|_{r_{\mathrm{D}}=r_{\mathrm{eD}i}} = \overline{m_{\mathrm{D}i}} \\[2mm] \dfrac{\partial \overline{m_{\mathrm{fD}}}}{\partial r_{\mathrm{D}}}\Big|_{r_{\mathrm{D}}=r_{\mathrm{eD}i}} = \dfrac{R_{\mathrm{D}i}^3 \omega_i S}{L_{2\mathrm{D}} W_{\mathrm{D}}} \overline{m_{\mathrm{D}i}} \\[2mm] \overline{m_{\mathrm{ED}}}\Big|_{r_{\mathrm{D}}=r_{\mathrm{wfD}}} = \overline{m_{RD}} = \overline{m_{\mathrm{wfD}}} \\[2mm] \displaystyle\sum_i^n \dfrac{\overline{m_{\mathrm{fD}}}}{r_{\mathrm{D}i}}\Big|_{r_{\mathrm{D}i}=r_{RD}} = \dfrac{1}{L_{2\mathrm{D}} W_{\mathrm{D}} s} - \dfrac{\omega_{\mathrm{D}} R_{RD}^3 S}{L_{2\mathrm{D}} W_{\mathrm{D}}} \overline{m_{RD}} \end{cases} \quad (4\text{-}9)$$

通过引入无量纲化变量和 Laplace 变换，求解得到多个岩溶储渗体串联叠加模型无量纲井底压力在拉普拉斯空间的表达式：

$$\overline{m_{\mathrm{wD}}} = \dfrac{A}{\displaystyle\sum_i^n \dfrac{a_{1i} a_{3i} - a_{2i}/a_{3i}}{a_{1i} a_{3i} + a_{2i}/a_{3i}} + B} \quad (4\text{-}10)$$

其中

$$a_{1i} = 1 + \dfrac{\omega_i R_{i\mathrm{D}}^3 S}{L_{2\mathrm{D}} W_{\mathrm{D}} \sqrt{w_{\mathrm{f}} S}}$$

$$a_{2i} = 1 - \dfrac{\omega_i R_{i\mathrm{D}}^3 S}{L_{2\mathrm{D}} W_{\mathrm{D}} \sqrt{w_{\mathrm{f}} S}}$$

$$a_{3i} = \mathrm{e}^{\sqrt{w_{\mathrm{f}} s} r_{RD} - \sqrt{w_{\mathrm{f}} S} r_{\mathrm{eD}i}}$$

$$A = \dfrac{1}{L_{2\mathrm{D}} W_{\mathrm{D}} S \sqrt{w_{\mathrm{f}} S}}$$

$$B = \dfrac{\omega_R R_{RD}^3 S}{L_{2\mathrm{D}} W_{\mathrm{D}} S \sqrt{w_{\mathrm{f}} S}}$$

4. 典型试井曲线敏感性分析

本部分内容主要对岩溶储渗体外边界封闭条件下的无量纲拉氏空间井底压力进行 Stehfest 数值反演，利用 MATLAB 编程语言实现，绘制出 n 个岩溶储渗体串联叠加模型压力动态响应曲线，并分析该模型的典型曲线特征。

1) 多个岩溶储渗体串联叠加模型典型曲线基本特征

图 4-37 是 3 个岩溶储渗体串联叠加时的压力动态响应曲线图，根据曲线特征将曲线划分为 4 个阶段：近似井筒储集阶段、"裂缝"线性流阶段、过渡阶段和拟稳定流动阶段。

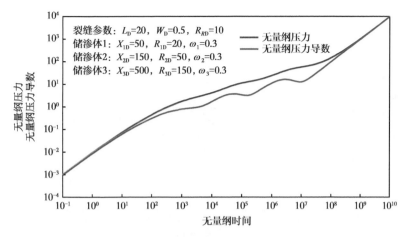

图 4-37　3 个岩溶储渗体串联叠加时压力动态响应曲线图

2）多个岩溶储渗体串联叠加模型典型曲线敏感分析

主要从与岩溶储渗体串联叠加模型叠加数量（即储渗体个数）、各个岩溶储渗体无量纲半径、各条"裂缝"的延伸长度、各储渗体储容比等 4 个方面对模型的敏感性进行分析。

（1）串联岩溶储渗体个数对试井曲线的影响。

由模型可知，岩溶储渗体串联叠加数量是影响典型曲线的重要因素，直接影响整个典型曲线形态。采用单因素分析法，分别绘制叠加数量为 1、2、3 和 4 的叠加模型典型曲线，如图 4-38 所示。在其他特征参数不变的情况下，叠加数量 n 直接决定着压力曲线台阶数量与压力导数曲线的凹子数量，即压力曲线会出现 n 个台阶，压力导数曲线会有 n 个凹子。

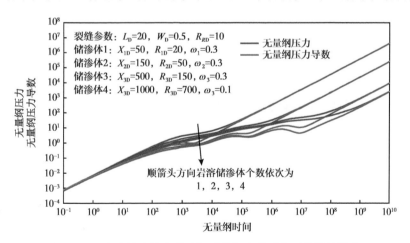

图 4-38　岩溶储渗体串联叠加时叠加个数对典型曲线的影响

（2）不同岩溶储渗体大小对试井特征曲线的影响。

设计 3 个岩溶储渗体，在其他参数不变的情况下，改变 3 个岩溶储渗体无量纲半径，即 R_{1D}=15，20，25，30；R_{2D}=30，40，50，60；R_{3D}=50，100，150，200。分别绘制了岩溶储渗体串联叠加的试井典型曲线。如图 4-39 至图 4-41 所示，各个岩溶储渗体无量纲半径各自影响着过渡阶段压力导数曲线对应凹子的深度，无量纲半径越大，储渗体的弹性能量越强，凹子越深。此外，前面的储渗体大小对后续的凹子的深度也会产生影响。

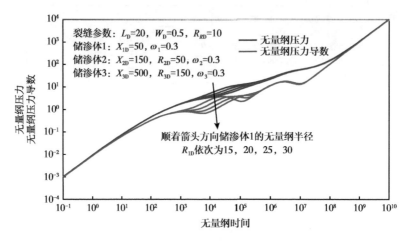

图 4-39　第 1 个岩溶储渗体串联叠加时无量纲半径对典型试井曲线的影响

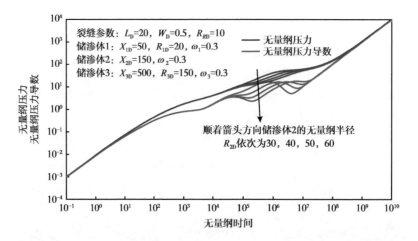

图 4-40　第 2 个岩溶储渗体串联叠加时无量纲半径对典型试井曲线的影响

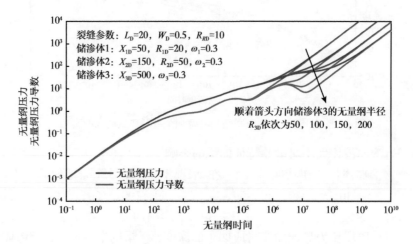

图 4-41　第 3 个岩溶储渗体串联叠加时无量纲半径对典型试井曲线的影响

（3）不同裂缝长度对试井特征曲线的影响。

设计 3 个储渗体，在其他参数不变的情况下，改变 3 条"裂缝"的无量纲长度 X_{1D}=30，50，70，90；X_{2D}=100，200，300，400；X_{3D}=500，600，700，800。分别绘制了储渗体串联叠加的试井典型曲线。如图 4-42 至图 4-44 所示，三条高渗透连通带无量纲长度 X_{1D}、X_{2D} 和 X_{3D} 分别影响着过渡段无量纲压力导数对应凹子出现的时间和深度，长度越小，凹子出现越快，高渗透连通带线性流持续的时间越短，压力波越短的时间到达岩溶储渗体，过渡阶段无量纲压力导数曲线凹子位置越深。

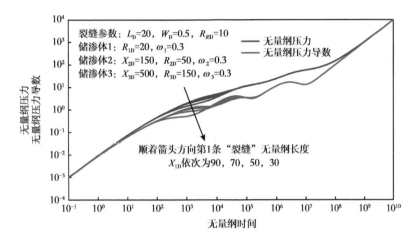

图 4-42　串联叠加时第 1 条"裂缝"无量纲长度对典型试井曲线的影响

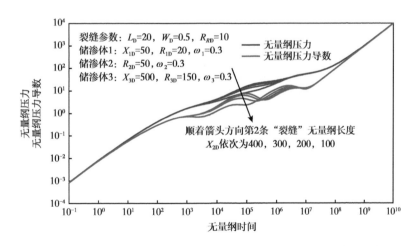

图 4-43　串联叠加时第 2 条"裂缝"无量纲长度对典型试井曲线的影响

（4）不同岩溶储渗体溶洞储容比对试井特征曲线的影响。

设计 3 个岩溶储渗体，在其他参数不变的情况下，改变 3 个岩溶储渗体溶洞储容比 ω_1=0.1，0.2，0.3，0.4；ω_2=0.1，0.2，0.3，0.4；ω_3=0.1，0.2，0.3，0.4。分别绘制了储渗体串联叠加的试井典型曲线。如图 4-45 至图 4-47 所示，3 个岩溶储渗体溶洞储容比 ω_1、ω_2 和 ω_3 分别影响着过渡段无量纲压力导数对应凹子出现的时间和深度。ω 越大，相应过渡阶段无量纲压力导数曲线凹子位置越深。

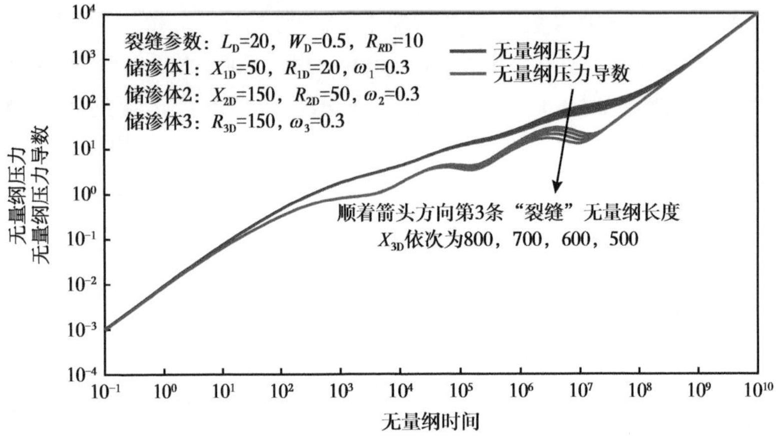

图 4-44　串联叠加时第 3 条“裂缝”无量纲长度对典型试井曲线的影响

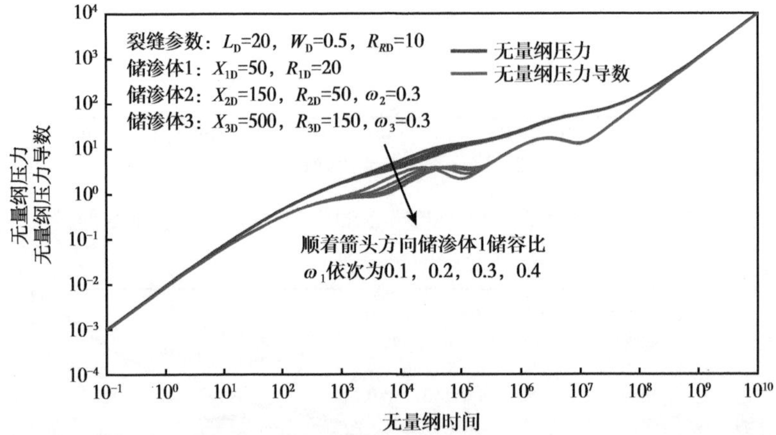

图 4-45　第 1 个岩溶储渗体串联叠加时溶洞储容比对典型试井曲线的影响

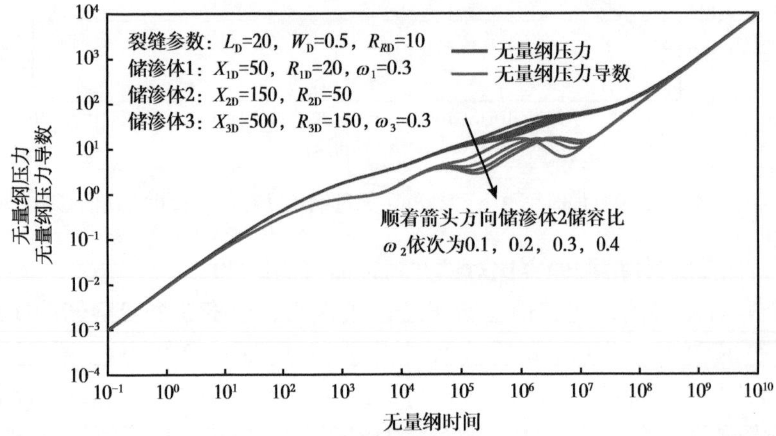

图 4-46　第 2 个岩溶储渗体串联叠加时溶洞储容比对典型试井曲线的影响

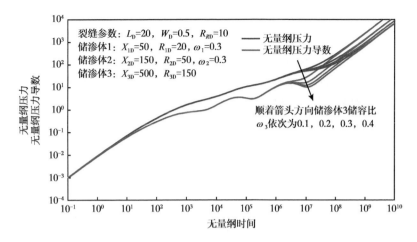

图 4-47　第 3 个岩溶储渗体串联叠加时溶洞储容比对典型试井曲线的影响

二、强非均质岩溶储层气井产能模型的建立

（一）多个岩溶储渗体边缝叠加产能方程推导

1. 纯岩溶储渗体弹性膨胀模型的建立

假设气井井筒由长度为 L_f、宽度为 W 和高度为 H 的水平分布的高渗透连通带与 N 个岩溶储渗体相连，岩溶储渗体 L_i 的半径为 R_i，厚度为 H，原始储层压力为 p_e，气井以定产量 q_{gscv} 生产一段时间 t，岩溶储渗体 L_i 的压力变为 p_{vi}，气体的压缩系数为 C_g，相比气体强可压缩性，可忽略岩溶储渗体岩石骨架的压缩性，气体黏度为 μ，即根据气体的等温压缩系数的定义可得到岩溶储渗体 L_i 的储层压力下的体积：

$$V(t)=C_g\pi R_i^2 H\phi(p_e-p_{vi}) \tag{4-11}$$

弹性能量采出的气与气井产量相等，即是：

$$q_{gscvi}B_g=-C_g\pi R_i^2 H\phi\frac{(p_e-p_{vi})}{t} \tag{4-12}$$

式中　V——岩溶储渗体的总弹性体积，m^3；

t——生产时间，取 24h；

q_{gscvi}——第 i 个岩溶储渗体的产量，m^3/h；

C_g——气体压缩系数，MPa^{-1}；

H——岩溶储渗体的厚度，m；

ϕ——岩溶储渗体的孔隙度；

p_e——原始地层压力，MPa；

p_{vi}——第 i 个岩溶储渗体压力，MPa；

R_i——第 i 个岩溶储渗体的半径，m。

2. 高渗透连通带到井筒的渗流方程

气体在岩溶储渗体与高渗透连通带衔接 x_1 处，进入到高渗透连通带，最终流入井筒，整个流动过程包括线性渗流和径向渗流两个阶段。基于上述物理模型及相应假设条件，将该渗流过程划分为高渗透连通带渗流及近井筒流动两个阶段，在气体由高渗透连通带汇入井筒的过程中，气体首先以线性流形式从岩溶储渗体一端汇入近井筒区域，发生汇流效应[46]，再在近井筒区域发生径向流，汇入井筒内，其中线性流渗流区域为 $0 < x < L_f - W/2$，径向流渗流区域为 $r_w < x < W/2$。气体在高渗透连通带渗流模型如图 4-48 所示。下面分别推导气体在各个阶段的数学方程。

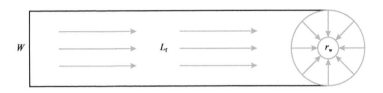

图 4-48　气体在高渗透连通带渗流模型

W—高渗透连通带宽度；L_f—高渗透带长度；r_w—气井井筒半径

裂缝线性流动非达西效应，有：

$$\frac{\mathrm{d}p}{\mathrm{d}r} = \frac{\mu_g}{K} v_g \tag{4-13}$$

$$\frac{p}{\mu_g Z} \mathrm{d}p = -\frac{q_{sc}T}{K_f \omega_f h} \frac{p_{sc}}{T_{sc}} \mathrm{d}x \tag{4-14}$$

式中　p——气藏中任意一点的压力，MPa；

v_g——气体渗流速度，m/s；

μ_g——天然气的黏度，mPa·s；

r——径向距离，m；

T——绝对温度，K；

Z——真实气体偏差因子；

T_{sc}——地面标准温度，K；

p_{sc}——地面标准压力，MPa。

积分得裂缝线性流动表达式：

$$m(p_{vi}) - m(p_{hi}) = \int_{p_h}^{p_f} \frac{p}{\mu_g Z} \mathrm{d}p = \frac{1.157 \times 10^5 q_{gscv} T}{K_f \omega_f W} \frac{p_{sc}}{T_{sc}} \left(\frac{L_f - W/2}{W} \right) \tag{4-15}$$

式中　p_{hi}——储渗体 R 外边界压力，MPa。

（2）近井筒区域渗流径向流可考虑高速非达西效应[47]：

$$\frac{\mathrm{d}p}{\mathrm{d}r} = \frac{\mu_g}{K} v_g + \beta_g \rho_g v_g^2 \tag{4-16}$$

式中　β_g——气体紊流系数，m^{-1}；

ρ_g——天然气密度，kg/m^3。

可得近井筒区域渗流：

$$m\left(p_{hi}\right)-m\left(p_{wf}\right)=\frac{p_{sc}}{2\pi T_{sc}}\frac{q_{gscvi}T}{K_f\omega_f}\ln\frac{2r_w}{W}+\frac{\beta_g M_{air}p_{sc}^2}{4\pi^2RT_{sc}^2\overline{\mu_g}}\frac{q_{gscvi}^2T\gamma_g}{\omega_f^2}\left(\frac{1}{r_w}-\frac{2}{W}\right) \quad (4\text{-}17)$$

式中　M_{air}——空气相对分子质量，常取 28.96kg/kmol；

　　　$\overline{\mu}_g$——某一井段内气体平均黏度，mPa·s；

　　　γ_g——天然气的相对密度。

两部分相加可得裂缝到井筒的产能公式：

$$m\left(p_{vi}\right)-m\left(p_{wf}\right)=\frac{T}{K_f\omega_f}\frac{p_{sc}}{T_{sc}}\left(\frac{L_f-W/2}{W}+\frac{1}{2\pi}\ln\frac{W}{2r_w}\right)q_{sc}+\frac{M_{air}p_{sc}^2}{4\pi^2RT_{sc}^2\overline{\mu_g}}\frac{\beta_g T\gamma_g}{\omega_f^2}\left(\frac{1}{r_w}-\frac{2}{W}\right)q_{sc}^2$$

$$(4\text{-}18)$$

3. 多个岩溶储渗体边缝叠加的产能方程的建立

基于上述公式，利用牛顿迭代法求解可得到每个岩溶储渗体的产量 q_{gscvi} 以及气井总产量 q_{gscv}。

$$\begin{cases} q_{gscv1}B_g=-C_g\pi R_1^2H\phi\left(p_e-p_{v1}\right)/t \\ \qquad\qquad\vdots \\ q_{gscvN}B_g=-C_g\pi R_N^2H\phi\left(p_e-p_{vN}\right)/t \\ m\left(p_{vi}\right)-m\left(p_{wf}\right)=A_{1i}q_{gscv1}+B_{2i}q_{gscv1}^2 \\ \qquad\qquad\vdots \\ m\left(p_{vN}\right)-m\left(p_{wf}\right)=A_{1N}q_{gscfN}+B_{2N}q_{gscfN}^2 \\ \sum_{i=1}^{N}q_{gscvi}=q_{gscv} \end{cases} \quad (4\text{-}19)$$

其中

$$A_{2i}=\frac{1.157\times10^5 p_{sc}}{2\pi T_{sc}}\frac{T}{K_f\omega_f}\left(\frac{L_{fi}-W/2}{W}+\ln\frac{2r_w}{W}\right)$$

$$B_{2i}=\frac{1.340\times10^{-8}\beta_g M_{air}p_{sc}^2}{4\pi^2RT_{sc}^2\overline{\mu_g}}\frac{T\gamma_g}{\omega_f^2}\left(\frac{1}{r_w}-\frac{2}{W}\right)$$

三、多个岩溶储渗体串联叠加产能方程推导

（一）纯岩溶储渗体弹性膨胀模型的建立

假设岩溶储渗体 L_i 半径为 R_i，气井以定产量 q_{gscvi} 生产一段时间 t，岩溶储渗体 L_i 的压力变为 R_i，厚度为 H，原始储层压力为 p_e，其中气体的压缩系数为 C_g，相比气体强可压缩性，可忽略岩溶储渗体岩石骨架的压缩性。根据气体的等温压缩系数的定义可得到每个储渗体 L_i 压力下的弹性产量方程为：

$$q_{gscvi}B_g=-C_g\pi R_i^2H\phi\frac{\left(p_e-p_{vi}\right)}{t} \quad (4\text{-}20)$$

（二）高渗透连通带到井筒的渗流方程的建立

气体从岩溶储渗体一端汇入高渗透连通带区域，其线性渗流公式为：

$$\frac{\mathrm{d}p}{\mathrm{d}x}=-\frac{\mu_{\mathrm{g}}}{K_{\mathrm{f}}}v_{\mathrm{g}} \tag{4-21}$$

基于上部分的推导，可以得到 SI 矿场单位制条件下的数学方程：

$$m\left(p_{\mathrm{vi}}\right)-m\left(p_{\mathrm{h}}\right)=\int_{p_{\mathrm{hi}}}^{p_{i}}\frac{p}{\mu_{\mathrm{g}}Z}\mathrm{d}p=\frac{1.157\times10^{5}q_{\mathrm{gscvi}}T}{K_{\mathrm{f}}\omega_{\mathrm{f}}W}\frac{p_{\mathrm{sc}}}{T_{\mathrm{sc}}}\left(\frac{L_{\mathrm{fi}}-W/2}{W}\right) \tag{4-22}$$

（三）岩溶储渗体拟稳态流动阶段产能方程的建立

一口直井直接打在圆形等厚岩溶储渗体中，由外边界向中心汇聚，如图 4-49 所示。根据气体的等温压缩系数的定义式，对于某一口气井，井控区内岩溶储渗体的总弹性量为：

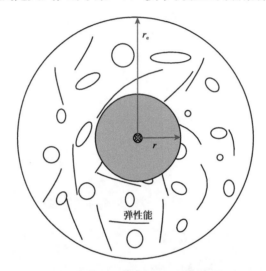

图 4-49　孤立岩溶储渗体渗流模型

$$V(t)=C_{\mathrm{g}}\pi\left(r_{\mathrm{e}}^{2}-r_{\mathrm{w}}^{2}\right)h\phi\nabla p(t) \tag{4-23}$$

式中　$\nabla p(t)$——地层压力与井筒压力之间的差值，MPa；
　　　r_{e}——岩溶储渗体的半径，m；
　　　r_{w}——井筒半径，m。
在 r 处渗流断面的流量为：

$$f(r,t)=q_{\mathrm{sc}}'(t)B_{\mathrm{g}}=-C_{\mathrm{g}}\pi\left(r_{\mathrm{e}}^{2}-r^{2}\right)h\phi\frac{\mathrm{d}p(t)}{\mathrm{d}t} \tag{4-24}$$

式中　q_{sc}'——在 r 处渗流断面的地下流量，m³/d。
在 r_{w} 处渗流断面的流量为：

$$f(r_{\mathrm{w}},t)=q_{\mathrm{sc}}(t)B_{\mathrm{g}}=-C_{\mathrm{g}}\pi\left(r_{\mathrm{e}}^{2}-r_{\mathrm{w}}^{2}\right)h\phi\frac{\mathrm{d}p(t)}{\mathrm{d}t} \tag{4-25}$$

由此可得：

$$q'_{sc} = \frac{r_e^2 - r^2}{r_e^2 - r_w^2} q_{sc} \approx \left(1 - \frac{r^2}{r_e^2} \right) q_{sc} \tag{4-26}$$

$$v_g(t) = \frac{q'_{sc}}{A} = \frac{q_{sc}}{2\pi r_e h} \frac{p_{sc}}{T_{sc}} \frac{ZT}{p} \left(\frac{r_e}{r} - \frac{r}{r_e} \right) \tag{4-27}$$

近井筒区域径向流可考虑高速非达西效应：

$$m(r) = m_e - \frac{q_{sc}T}{2\pi K r_e h} \frac{p_{sc}}{T_{sc}} \left(r_e \ln \frac{r_e}{r} - \frac{r_e^2 - r^2}{2r_e} \right) +$$

$$\frac{\beta_g \rho_{sc} p_{sc}^2}{\overline{\mu_g} T_{sc}} \left(\frac{q_{sc}}{2\pi r_e h} \right)^2 \left[\frac{r_e^2}{r} - r_e - 2(r_e - r) + \frac{r_e^3 - r^3}{3r_e} \right] \tag{4-28}$$

式中 ρ_{sc}——标况下的天然气密度，kg/m^3。

化简得产能公式：

$$m(p_h) - m(p_{wf}) = A_2 q_{gscR} + B_2 q_{gscR}^2 \tag{4-29}$$

其中

$$A_2 = \frac{T}{2\pi Kh} \times \frac{p_{sc}}{T_{sc}} \left(\ln \frac{r_e}{r_w} - \frac{3}{4} \right)$$

$$B_2 = \frac{T\beta\rho_{sc}}{4\overline{u}(\pi r_e h)^2} \frac{p_{sc}}{T_{sc}} \left(\frac{r_e^2}{r_w} - \frac{16r_e}{5} \right)$$

（四）多个岩溶储渗体串联叠加产能模型

基于上述公式，利用牛顿迭代法求解可得到每个岩溶储渗体的产量 q_{gscvi} 以及气井总产量 q_{gscv}。

$$\begin{cases} q_{gscv1} B_g = -C_g \pi R_1^2 H\phi(p_e - p_{v1})/t \\ \quad\quad\quad \vdots \\ q_{gscvN} B_g = -C_g \pi R_N^2 H\phi(p_e - p_{vN})/t \\ m(p_{v1}) - m(p_h) = \frac{1.157 \times 10^5 T}{K_f \omega_f W} \frac{p_{sc}}{T_{sc}} \left(\frac{L_{fi} - W/2}{W} \right) q_{gscv1} \\ \quad\quad\quad \vdots \\ m(p_{vN}) - m(p_h) = \frac{1.157 \times 10^5 T}{K_f \omega_f W} \frac{p_{sc}}{T_{sc}} \left(\frac{L_{fN} - W/2}{W} \right) q_{gscvN} \\ m(p_h) - m(p_{wf}) = A_2 q_{gscR} + B_2 q_{gscR}^2 \\ \sum_{i=1}^{N} q_{gscvi} + q_{gscR} = q_{gscv} \end{cases} \tag{4-30}$$

其中

$$A_2 = \frac{1.157 \times 10^5 T}{2\pi Kh} \times \frac{p_{sc}}{T_{sc}} \left(\ln \frac{r_e}{r_w} - \frac{3}{4} \right)$$

$$B_2 = \frac{1.3396 \times 10^{-5} T \beta \rho_{sc}}{4\bar{u}(\pi r_e h)^2} \times \frac{p_{sc}}{T_{sc}} \left(\frac{r_e^2}{r_w} - \frac{16 r_e}{5} \right)$$

式中　T——地层温度，K；

　　　β——紊流系数，m^{-1}；

　　　$\bar{u}$——拉氏空间下的关于拉普拉斯算子 S 的表达式。

三、强非均质储层产能模型求解方法

根据建立的多个岩溶储渗体边缝叠加产能方程［式（4-29）］，以及建立的多个岩溶储渗体串联叠加产能方程［式（4-30）］，求解各个岩溶储渗体产量 q_{gscvi} 及总产量 q_{gscv}，因此本小节对各个参数的获取及具体解法进行详细说明，计算流程如图 4-50 所示。

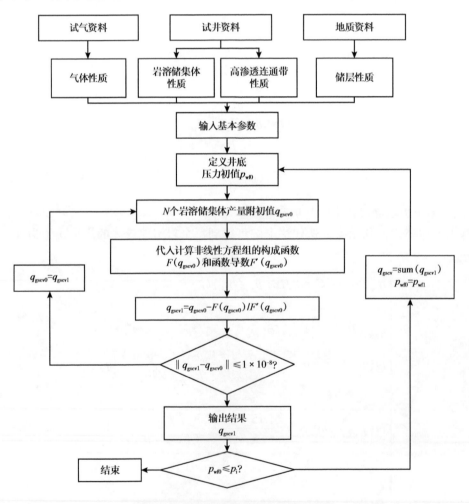

图 4-50　强非均质储层产能计算流程图

（一）关键参数获取

每个岩溶储渗体产量受到储渗体的尺寸和高渗连通带基本参数的影响，关键参数包括岩溶储渗体尺寸、高渗透连通带尺寸、高渗透连通带的渗透率，该三个关键参数可以选择合适的离散介质试井曲线与实际试井曲线拟合获得。

（二）产能叠加模型求解方法

（1）直井井底压力初值取为 p_{wf0}。

（2）取各个岩溶储渗体初始产量为 q_{gscvj0} 分别代入非线性方程组，分别计算非线性方程组的解，利用牛顿迭代法可获得每个岩溶储渗体的新的产量值 q_{gscvj1}。

（3）计算每个岩溶储渗体的产量，对比产量初值。若两者之差满足误差范围，便可得各岩溶储渗体的产量，然后返回第一步，改变井底压力 $p_{wf0}=p_{wf1}$，最终计算得到不同井底流压下的各岩溶储渗体的产量；否则将计算值 $q_{gscvj0}=q_{gscvj1}$，重复第二步直至满足误差，便停止迭代，各岩溶储渗体产量之和即为整个直井总产量。

（三）影响因素分析

随着岩溶储渗体数量的增加，流入动态曲线逐渐往右移动，无阻流量随之增大（图 4-51）。岩溶储渗体体积的增加，流入动态曲线逐渐右移，无阻流量增大，且增大的幅度越来越大（图 4-52）。高渗透连通带导流能力的增加时，流入动态曲线逐渐右移，无阻流量增大（图 5-53）。

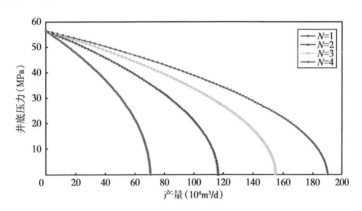

图 4-51　岩溶储渗体数量对曲线的影响

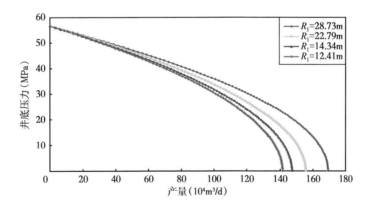

图 4-52　岩溶储渗体无量纲半径对曲线的影响

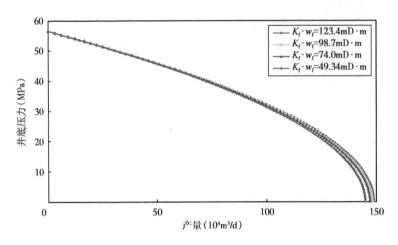

图 4-53　高渗透连通带导流能力对曲线影响

利用此技术，定量明确了气井产能与不同孔缝洞搭配关系（图 4-54），厘清了影响气井高产的关键因素。对于安岳气田震旦系气藏而言，气井无阻流量达百万立方米以上，一类储渗体 + 二类储渗体的占比不能低于 38%。

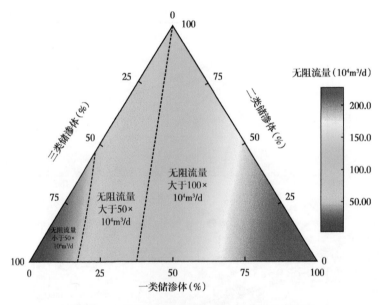

图 4-54　不同储渗体占比与气井产能关系曲线图

四、气井稳产时间计算方法

（一）无阻流量法计算稳产时间

随着生产的进行，地层压力的逐渐降低，气井的无阻流量和采出程度也在不断地变化，通过拟合它们之间的关系，可得到相应的表达式。代入稳产期末气井的无阻流量可求得稳产期末的采出程度，最后再结合单井控制储量、稳产期的产量和稳产前的累计采气量便可求得气井稳产年限。

根据采出程度与无阻流量关系式，将稳产期末无阻流量代入此关系式中，可以求出稳产期末对应的采出程度 R_{ew}，进而可以求出稳产年限 t_g，即：

$$t_g = \frac{GR_{ew} - G_p}{330q_{sc}} \qquad (4\text{-}31)$$

式中 t_g——稳产年限，a；

       G——地质储量，$10^4 m^3$；

       R_{ew}——稳产期末气井的采出程度；

       G_p——累计产气量，$10^4 m^3$；

       q_{sc}——日产气量，$10^4 m^3$。

计算步骤为：（1）计算采出程度和无阻流量的关系；（2）计算稳产期末地层压力；（3）计算稳产期末无阻流量；（4）计算稳产期末采出程度；（5）计算气井稳产时间。

其中可利用气井产能方程和管流压降计算方法可求解稳产期末的地层压力，具体方法为：根据给出的稳产结束时的井口油压 p_t 和产量 q_{sc}，利用垂直井段和斜井段的压降计算模型计算出气井的井底流压 p_{wf}，然后将 p_{wf} 代入产能方程中求得相应的稳产结束时的地层压力 p_{esp}。

直井和水平井都有垂直井段，所以其压力计算方法基本一致。从井口计算到井底，忽略动能压降梯度的影响，可以得到相应的压力梯度方程为：

$$p_{wf1} = \sqrt{p_{wh}^2 e^{2s_1} + 1.324 \times 10^{-18} f\left(q_{sc}\overline{TZ}\right)^2 \left(e^{2s_1} - 1\right)/D^5} \qquad (4\text{-}32)$$

其中

$$s_1 = \frac{0.03417\gamma_g H_1}{\overline{TZ}}$$

$$f = \left[1.14 - 2\lg\left(\frac{e}{D} + \frac{21.25}{Re^{0.9}}\right)\right]^{-2}$$

$$Re = 1.77 \times 10^{-2}\frac{q_{sc}\gamma_g}{D\overline{\mu}}$$

式中 p_{wf1}——气井垂直井段末端压力，MPa；

       p_{wh}——气井井口压力，MPa；

       H_1——气井垂直井段深度，m；

       f——温度 T 和压力 p 下的摩阻系数；

       $\overline{T}$——某一井段内平均温度，K；

       $\overline{Z}$——某一井段内平均偏差系数；

       $\overline{\mu}$——某一井段内气体平均黏度，mPa·s；

       D——油管内径，m；

       Re——雷诺数；

       e——管壁粗糙度，m；

s_1——无量纲指数；

γ_g——天然气相对密度。

水平井需要计算斜井段的压降，斜井段可以看作是一口斜深为 L_2、垂深为 H_2 且与水平面的夹角为 θ 的斜井。根据垂直井段的压力梯度方程，斜井段压力计算的表达式可表示为：

$$p_{wf2} = \sqrt{p_{wf1}^2 e^{2s_2} + 1.324 \times 10^{-8} f\left(q_{sc}\overline{TZ}\right)2\left(e^{2s_2}-1\right)L_2/\left(D^5 H_2\right)} \quad (4\text{-}33)$$

其中

$$s_2 = \frac{0.03417\gamma_g H_2}{\overline{TZ}}$$

式中 p_{wf2}——气井斜井段末端压力，MPa；

s_2——无量纲指数；

H_2——水平井斜井段垂深，m。

气井稳产期末地层压力计算程序框图如图 4-55 所示。

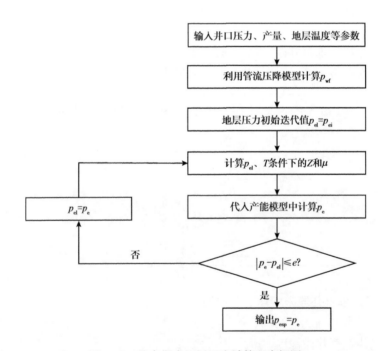

图 4-55　稳产期末地层压力计算程序框图

p_{wf}—井底流压，MPa；p_{el}—地层压力初值，MPa；p_{ei}—原始地层压力，MPa；T—地层温度，K；
Z—在地层压力 p_{el}、地层温度 T 条件下偏差系数；μ—在地层压力 p_{el}、地层温度 T 条件下天然气黏度，mPa·s；
p_e—产能模型计算得到的地层压力；p_{esp}—稳产结束时的地层压力，MPa；e—误差，通常取 1×10^{-6}

利用无阻流量法计算稳产时间，绘制气井无阻流量与采出程度关系曲线，如图 4-56 所示；求取不同日产气量下的稳产年限与井口压力关系，如图 4-57 所示。气井的稳产年限随着配产的降低而增加；气井的稳产年限随着稳产期末井口压力的降低而增加。

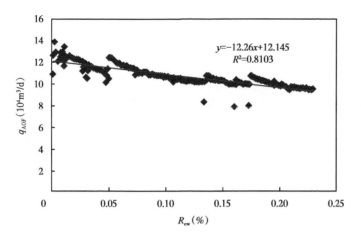

图 4-56　气井无阻流量（q_{AOF}）与采出程度（R_{ew}）关系曲线

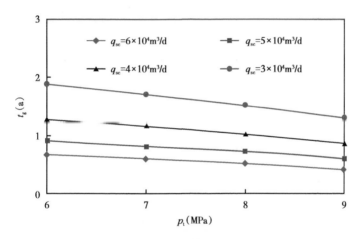

图 4-57　无阻流量法气井稳产年限（t_g）计算结果

（二）物质平衡法计算稳产时间

根据定容封闭气藏物质平衡方程，可得稳产期末的采出程度（R_{ew}）：

$$R_{ew} = \frac{G_p}{G} = 1 - \frac{p_{esp}Z_i}{p_iZ} \tag{4-34}$$

式中　G_p——目前累计采出气量，$10^8 m^3$；

　　　G——原始地质储量，$10^8 m^3$；

　　　p_i——原始压力，MPa；

　　　p_{esp}——稳产结束时的地层压力，MPa；

　　　Z_i——原始条件下的偏差系数；

　　　Z——目前压力下的偏差系数。

将计算出的稳产期末的地层压力代入式（4-34），可以求出稳产期末所对应的采出程

度 R_{ewf}。以磨溪 108 井和磨溪 109 井两口井为例的计算结果见表 4-12 和表 4-13 及图 4-58 和图 4-59。

表 4-12　磨溪 108 井稳产期末采出程度

p_t（MPa）	R_{ew}（%）			
	$q_{sc}=25×10^4m^3/d$	$q_{sc}=24×10^4m^3/d$	$q_{sc}=23×10^4m^3/d$	$q_{sc}=22×10^4m^3/d$
15	38.94	39.44	39.93	40.43
14	40.22	40.74	41.26	41.79
13	41.44	41.99	42.54	43.09
12	42.59	43.16	43.74	44.32
p_t（MPa）	R_{ew}（%）			
	$q_{sc}=21×10^4m^3/d$	$q_{sc}=20×10^4m^3/d$	$q_{sc}=19×10^4m^3/d$	$q_{sc}=18×10^4m^3/d$
15	40.93	41.44	41.94	42.45
14	42.32	42.86	43.4	43.94
13	43.65	44.22	44.79	45.37
12	44.91	45.51	46.12	46.73

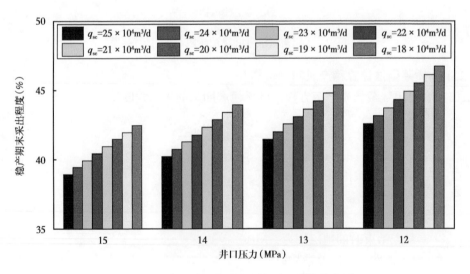

图 4-58　磨溪 108 井稳产期末采出程度柱状图

表 4-13　磨溪 109 井稳产期末采出程度

p_t（MPa）	R_{ew}（%）			
	$q_{sc}=25\times10^4 m^3/d$	$q_{sc}=24\times10^4 m^3/d$	$q_{sc}=23\times10^4 m^3/d$	$q_{sc}=22\times10^4 m^3/d$
15	34.85	35.35	35.85	36.35
14	36.27	36.79	37.32	37.86
13	37.63	38.18	38.74	39.31
12	38.91	39.5	40.09	40.69
p_t（MPa）	R_{ew}（%）			
	$q_{sc}=21\times10^4 m^3/d$	$q_{sc}=20\times10^4 m^3/d$	$q_{sc}=19\times10^4 m^3/d$	$q_{sc}=18\times10^4 m^3/d$
15	36.85	37.35	37.86	38.36
14	38.39	38.93	39.47	40.01
13	39.87	40.45	41.02	41.6
12	41.29	41.9	42.51	43.13

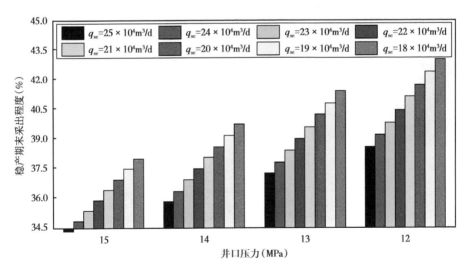

图 4-59　磨溪 109 井稳产期末采出程度柱状图

求出稳产期末所对应的采出程度 R_{ew} 之后，再将结果代入式（4-31）中即可求得气井的稳产年限 t_g（表 4-14 和表 4-15，图 4-60）。

表 4–14　磨溪 108 井物质平衡方程法计算气井的稳产年限

p_t（MPa）	t_g（a）			
	$q_{sc}=25\times10^4\text{m}^3/\text{d}$	$q_{sc}=24\times10^4\text{m}^3/\text{d}$	$q_{sc}=23\times10^4\text{m}^3/\text{d}$	$q_{sc}=22\times10^4\text{m}^3/\text{d}$
15	5.51	5.73	5.98	6.26
14	5.73	5.97	6.24	6.51
13	5.95	6.21	6.48	6.77
12	6.15	6.41	6.70	7.00
p_t（MPa）	t_g（a）			
	$q_{sc}=21\times10^4\text{m}^3/\text{d}$	$q_{sc}=20\times10^4\text{m}^3/\text{d}$	$q_{sc}=19\times10^4\text{m}^3/\text{d}$	$q_{sc}=18\times10^4\text{m}^3/\text{d}$
15	6.55	6.89	7.24	7.65
14	6.82	7.17	7.55	7.96
13	7.09	7.45	7.84	8.26
12	7.33	7.70	8.11	8.55

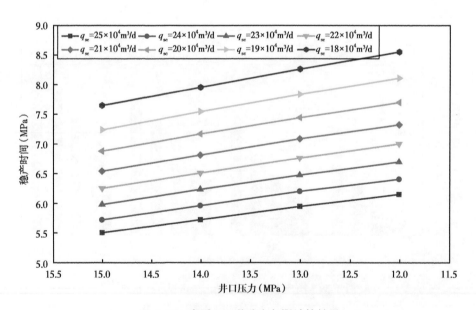

图 4-60　磨溪 108 井稳产年限计算结果

表 4-15　磨溪 109 井物质平衡方程法计算气井的稳产年限

p_t（MPa）	t_g（a）			
	$q_{sc}=25\times10^4m^3/d$	$q_{sc}=24\times10^4m^3/d$	$q_{sc}=23\times10^4m^3/d$	$q_{sc}=22\times10^4m^3/d$
15	7.67	7.99	8.34	8.72
14	8.02	8.37	8.72	9.13
13	8.37	8.72	9.10	9.50
12	8.69	9.05	9.45	9.88
p_t（MPa）	t_g（a）			
	$q_{sc}=21\times10^4m^3/d$	$q_{sc}=20\times10^4m^3/d$	$q_{sc}=19\times10^4m^3/d$	$q_{sc}=18\times10^4m^3/d$
15	9.15	9.59	10.10	10.67
14	9.56	10.04	10.56	11.15
13	9.96	10.48	11.02	11.64
12	10.34	10.88	11.45	12.07

第五章

强非均质岩溶气藏开发有利目标优选技术

本章以四川盆地典型的强非均质性岩溶气藏——高石梯—磨溪地区灯四段气藏为例，对常规分析方法的适用性进行了分析，并对产能模拟法进行了改进，形成了一套较为成熟的强非均质气藏储量可动性评价技术，为该类气藏的储量可动性评价提供了重要依据。基于不同类型储层储量可动性评价结果及有利区划分原则，通过建立有利区划分标准，分别优选了灯四 [1] 小层及灯四 [2] 与灯四 [3] 小层开发有利区，并利用数值模拟技术，计算了气藏可动用地质储量。

第一节　强非均质性岩溶气藏储量可动性评价技术

储量可动性评价是油气藏开发评价中的关键技术和重要内容，可为油气藏后续的开发方案的制订提供重要的依据。国内外石油公司把能够储集油气，且在现有经济与技术条件下能够采出的具有一定经济效益油气的储层作为有效储层。气藏储量可动性评价是指依据气藏地质特征和开发动态资料，分析气藏储量可动性的影响因素（储层的孔隙度、渗透率以及生产压差等），综合考虑技术条件和经济效益等因素下储层流体的有效流动范围，对地质储量可动性进行的系统分析评价。由于储层物性受地质条件、孔隙结构、油气性质、埋藏深度、地层温压条件和开发政策等综合因素的影响，难以通过建立物理或数学模型进行研究。目前，油气藏储量动用评价的研究多集中在碎屑岩油气藏，该类油气藏孔隙结构简单、储层介质单一、非均质性弱、孔隙度与渗透率相关性强，可以通过常规的分析方法确定孔隙度下限，再根据孔渗关系确定渗透率下限，再以此来划分不同类型储层的储量可动性。然而，由于深层碳酸盐岩气藏孔隙结构复杂与强非均质性等特征，孔隙度与渗透率相关性极差，若采用常规的评价方法将会产生较大误差。经调研，目前还没有较完善的强非均质性岩溶气藏储量动用评价方面的研究成果。

因此，在前人储量可动性评价方法研究的基础上 [48-66]，本章以四川盆地典型的强非均质性岩溶气藏——安岳地区高石梯—磨溪区块灯四段气藏为例，对常规分析方法的适用性进行了分析，并对产能模拟法进行了改进，形成了一套较为成熟的强非均质气藏储量可动性评价技术 [67-68]，为该类气藏的储量可动性评价与开发方案的制订提供了重要依据。

一、储量可动性常规评价方法

（一）经验法

经验法是在研究区内获取大量岩心分析数据的基础上，近似计算研究区储层的平均渗透率，将再乘以 5% 后的数值作为区域目的层的渗透率下限值，在此平均渗透率以上的储层部分储量为可动储量。该方法由美国岩心公司首次提出，已被国内外油气田现场广泛应用。虽然利用经验法获取的物性下限值较为粗糙，但在测试资料较少的勘探初期，该方法简便易行，获取的数据可对后续勘探开发工作起到参考作用。

（二）累积频率统计法

累积频率统计法是通过统计岩样孔隙度和渗透率数据，以储层储气能力和产气能力的丢失量占其累积总量的百分比来确定物性下限的一种统计学方法。该方法的关键在于需要统计区域内全部取心井储层的岩样，制作孔渗频率分布直方图并求取累积频率曲线、累积储气能力曲线或累积产气能力曲线。其中孔隙度储气能力和渗透率产气能力的计算公式为：

$$Q_{\phi i} = \phi_i H_i / \sum \phi_i H_i \tag{5-1}$$

式中　$Q_{\phi i}$——孔隙度储气能力，%；

　　　ϕ_i——样品孔隙度，%；

　　　H_i——样品长度，m。

$$Q_{Ki} = K_i H_i / \sum K_i H_i \tag{5-2}$$

式中　Q_{Ki}——渗透率产气能力，%；

　　　K_i——样品渗透率，mD；

　　　H_i——样品长度，m。

目前普遍将储渗能力丢失 5% 作为统计碎屑岩油气藏流动下限。针对深层岩溶气藏储层低孔隙度、低渗透率的特点以及较高的开发成本，可将统计界限提高到 10%，统计结果如图 5-1 和图 5-2 所示。对于全部岩样，当储气能力丢失 10% 时，样品丢失率为 20%，孔隙度下限值为 2.4%；当产气能力丢失 10% 时，样品丢失率为 85%，渗透率下限值为 2mD。如果以 2mD 作为渗透率下限值，样品丢失率过高，会将目的层误判为无效储层。加之受强非均质性岩溶气藏试采时岩心样品的代表性和取样数量的限制，因此常规评价方法中的累积频率统计法不适用低孔隙度、低渗透率的强非均质岩溶气藏前期开采阶段对储量可动性的评价。

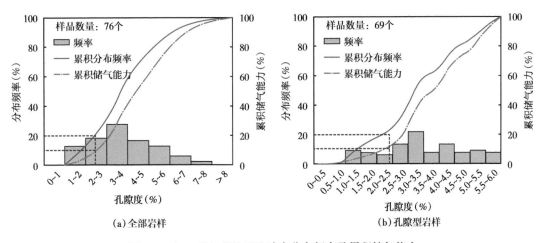

图 5-1 灯四段气藏储层孔隙度分布频率及累积储气能力

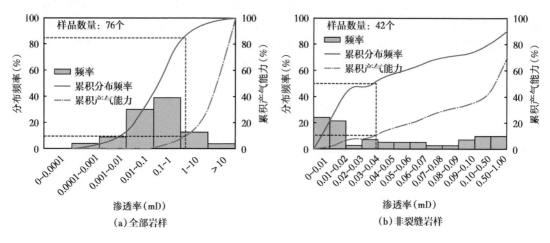

图 5-2　灯四段气藏储层渗透率分布频率及累积产气能力

（三）孔渗关系法

孔渗关系法是利用油气藏储层岩样的孔隙度和渗透率数据，绘制孔隙度—渗透率关系图，通过分析孔渗关系拟合曲线特征，确定储层可动用的孔隙度和渗透率范围，计算储量可动性下限的方法。高石梯—磨溪区块灯四段气藏储层非均质性强，微裂缝发育。孔隙度与渗透率相关性极差，同一孔隙度下可能会对应多个不同数量级的渗透率（图 5-3）。如果采用孔隙度—渗透率交会法对全部岩样进行物性下限确定，不仅难以保证拟合曲线的准确性，还会导致渗透率下限值偏高，且灯四段气藏储层中裂缝是储层的主要渗流通道，溶洞又是主要的储集空间。仅以其中某种储集类型岩样的分析结果制作的孔隙度—渗透率交会图，作为可动储量划分依据，并不能代表真实的储层动用情况。

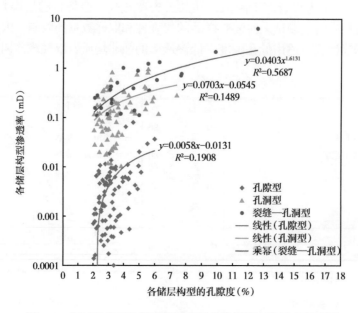

图 5-3　灯四段气藏各类型储层岩样的孔隙度与渗透率关系图

（四）最小流动孔喉半径法

岩石的孔隙特征与喉道尺寸直接影响着储层的储集与渗流能力，其喉道半径的大小是油气能否在一定压差下从储层中流出的关键参数。最小流动孔喉半径是指既能储集油气又能使油气渗流的最小孔喉通道半径。由于毛细管压力测试实验中非润湿相驱替岩样中润湿相的过程可以模拟储层中气相驱替地层水的过程，因此运用毛细管压力资料进行了岩样的微观孔喉结构研究，得到储层的最小流动孔喉半径，再根据孔喉半径与孔隙度和渗透率的关系得到流体流动下限。

由于毛细管压力测试实验中使用的是小尺寸柱塞岩样，每一条毛细管压力曲线只能反应储层中某个位置的特征，不具有整个储层的代表性。因此，实际计算中多采用 Leverett 提出的 J 函数法对整个储层的毛细管压力曲线进行整合平均，计算公式为：

$$J\left(S_{wn}\right)=\frac{p_c}{p_{ref}}=\frac{p_c}{\sigma}\sqrt{\frac{K}{\phi}} \tag{5-3}$$

式中　J——无量纲函数；

　　　p_c——毛细管压力，MPa；

　　　p_{ref}——参考毛细管压力，MPa；

　　　σ——界面张力，mN/m；

　　　K——渗透率，mD；

　　　ϕ——孔隙度，%。

$$S_{wn}=\frac{S_w - S_{wc}}{1-S_{wc}} \tag{5-4}$$

式中　S_{wn}——标准化含水饱和度，%；

　　　S_w——含水饱和度，%；

　　　S_{wc}——束缚水饱和度。

计算得到 J 函数后，再将整个储层的平均孔隙度和平均渗透率代入毛细管压力 p_c 计算公式（5-5）中，可得到该储层的毛细管压力曲线，即：

$$p_c = J\sigma\sqrt{\frac{\phi}{K}} \tag{5-5}$$

利用 J 函数法得到各类储层平均毛细管压力曲线，采用 Wall 法可计算每类储层的最小流动孔喉半径。Wall 法是根据孔喉半径与进汞量间的关系，得到不同孔喉半径对渗流能力的贡献。当孔喉半径从大到小的累积渗透率贡献率达到 99% 时，对应的孔喉半径可作为最小流动孔喉半径，计算公式为：

$$\sum_{i=1}^{n}\Delta K_i = \Delta K_1 + \Delta K_2 + \cdots + \Delta K_n \tag{5-6}$$

$$\Delta K_i = \frac{\left(2i-1\right)r_i^2}{\sum_{i=1}^{n}\left(2i-1\right)r_i^2} \tag{5-7}$$

式中 $\sum\limits_{i=1}^{n}\Delta K_i$——累积渗透率贡献率，%；

ΔK_i——半径区间的渗透率贡献率，%；

r_i——对应的孔喉半径，μm。

应用 Wall 法计算得到的孔喉半径与渗透率累积贡献率的关系曲线如图 5-4 所示。从图中可得灯四段气藏各类储层的最小流动孔喉半径在 0.025~0.070μm 之间。储层中的裂缝对孔隙度和喉道半径的影响较小，但对流体流动能力影响较大，而裂缝的分布和产状在毛细管压力曲线上并没有得到很好的体现，因此对于裂缝发育或含有微裂缝的储层中，最小流动孔喉半径法的结果也不能反映岩溶强非均质气藏的储量可动性。

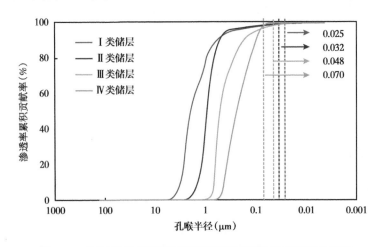

图 5-4　安岳地区灯四段气藏不同类型储层渗透率累积贡献率

（五）产能模拟法

产能模拟法是利用油气藏储层岩心，在实验室条件下模拟地层温度和压力进行驱替实验。通过设定不同生产压差实验条件，获得地层条件下的气体渗流速度，再转换为现场流动条件下的单井日产气量，以此来分析流体在储层中流动能力，确定储量可动性的分析方法。而地层条件产能模拟实验法则是充分考虑真实的地层开采和流体流动的情况，包括地层温度、地层压力、覆压变化、生产压差及压力梯度等多种因素，设计产能模拟实验，综合分析储层的可动性的方法。

产能模拟法的计算公式是以实验条件下的气体临界流速与矿场条件下的气井临界流速相等为基础，实现实验临界流量与气井临界产量之间的转换，然后将气井临界产量作为该气井的合理产量。现场生产井井筒端气体径向临界流速为 v，产能模拟实验中气体水平临界流速为 v'，则有：

$$v = \frac{Q}{2\pi r_w h} \tag{5-8}$$

$$v' = \frac{Q_R}{\pi \left(\dfrac{D}{2}\right)^2} \tag{5-9}$$

当 $v=v'$ 时，则有：

$$Q = \frac{8r_\text{w}hQ_\text{R}}{D^2} \tag{5-10}$$

再将公式中的各参数转换为生产常用的单位，便可得到由实验流量转换为单井流量的计算式（5-11）的形式：

$$Q = \frac{69.12Q_\text{R}r_\text{w}h}{D^2} \tag{5-11}$$

式中　Q——单井日产气量，10^4m^3；

　　　Q_R——实验室条件下气体流速，m^3/s；

　　　r_w——井眼半径，m；

　　　h——储层有效厚度，m；

　　　D——岩心直径，m。

随后，产能模拟法被广泛应用于确定储量可动性下限。确定的过程需要以某一生产压差为前提，不同的生产压差下对应的可动用下限值是不同的。

（六）动态法确定储量动用下限

1. 生产资料法

生产资料法是根据气井试气资料和试井解释分析（包括压降法、弹性二相法、压力恢复法、产量递减法等试井测试）等分析成果，在保证其他条件不变的情况下，利用渗透率与产能的关系式，代入气井生产所需产能，计算得到满足该产能的最小渗透率。气井生产时的渗透率为：

$$K = \frac{12.7Q_\text{g}\mu_\text{g}TZ\left(\ln\dfrac{0.472r_\text{e}}{r_\text{w}} + S + \beta_\text{i}q_\text{g}\right)}{h\left(p_\text{e}^2 - p_\text{w}^2\right)} \tag{5-12}$$

式中　Q_g——气井日产量，10^4m^3；

　　　μ_g——气体的地下黏度，$\text{mPa}\cdot\text{s}$；

　　　T——储层温度，K；

　　　Z——气体偏差系数；

　　　r_e——泄流半径，m；

　　　p_e——储层压力，MPa；

　　　p_w——井底流压，MPa；

　　　S——与污染有关的表皮系数；

　　　β_i——与惯性阻力有关的非达西渗流系数。

由于该公式用来计算气体流动的最小渗透率，因此可假设气井为完善井，则 S 和 β_i 为零。考虑到岩溶气藏储层低渗透、埋藏深，单井成本较高的特点，最低工业气流标准定为 $1.0\times10^4\text{m}^3/\text{d}$。按灯四段气藏平均储层参数、常用生产压差 6MPa、储层平均厚度 50m、泄流半径 500m 的情况，利用式（5-11）计算得到产气渗透率下限约为 0.04mD。但这个结果是针对均质储层计算出来的，对于非均质性强的岩溶储层单个小层的厚度不一，加之开采初期时生产井较少，代表性资料也不足，该方法并不适用。

2. 物性试气法

物性试气法是通过统计取心井试气层位的平均孔隙度和渗透率，结合试气理论，编绘气层、水层和干层的岩心孔隙度—渗透率交会图，以产层与干层分界线对应的孔隙度和渗透率数值作为储量动用的下限。但该方法要求试气资料要齐全且准确性较高，并且现场为了保证试气成功率，会优先选取物性较好的储层，导致该方法确定的结果比较偏于保守。

二、产能模拟法的改进

在强非均质岩溶气藏开发初期，试井资料等生产资料较为缺乏，取心资料也比较少的情况下，在储量可动性评价的方法中，产能模拟法具有较好的适用条件。但常规的产能模拟法仍然具有一定的缺陷和局限性，需要进行改进，补充一些实验设计时未能考虑的因素，如对实验条件中压差的相似计算，含水情况对流体流动的影响，并将储层非均性对储量采出程度的影响也考虑进去，才能使评价得到的研究结果能够较为全面地反映强非均质岩溶气藏的实际情况。

（一）常规产能模拟法存在的缺陷

常规产能模拟法受储层样品数量和实验条件的限制，在对岩溶强非均质储层进行储量可动性研究分析时，主要的缺陷在于：

（1）该方法实验设计和计算公式的理论基础是以假设实验出口流速与单井井底流体流速相等为前提的，而实验压差又是参照单井实际的生产压差。由于岩心尺度与单井控制区域尺度的差异较大，导致相同压差下的岩心出口端流体流速与油气井井筒端流体流速并不相等。小尺度的岩心实验流动压降梯度，将大大高于单井井控范围内的流动压降梯度。从流态来讲，岩心中的流动可能全是高速紊流，而实际地层中从远井端到井底可能经历了从低速非达西流到达西流，再到近井端紊流的分布情况。因而常规的方法会造成预测结果不准确。

（2）该方法未考虑地层中是否含水的情况，还需要考虑岩心含水情况下对产能的影响程度。

为此，需要对常规产能模拟法进行改进。在进行产能模拟实验和产量相似换算的同时，还要进行实验压差与生产压差的相似转换，控制实验压差范围，并考虑到是否含有地层水的情况来开展产能模拟实验。

（二）地层条件产能模拟

1. 压差相似性

针对常规产能模拟方法的缺陷，需要改进其实验流程和方案设计，引入对模拟实验的流动压降梯度的确定环节，才能模拟实际单井的生产情况。而岩心长度是已知，确定实验流动压降梯度，实际就是要确定实验的进出口压差。对于气藏，产能模拟实验时，岩心出口流体流速为：

$$v_{sg} = -\frac{K\mathrm{d}p}{\mu_g \mathrm{d}x} = -\frac{K\left(p_{el}^2 - p_{w1}^2\right)}{2\mu_g L p} \tag{5-13}$$

井底流体流速为：

$$v_{rg} = -\frac{K dp}{\mu_g dx} = -\frac{K\left(p_e^2 - p_w^2\right)}{2\mu_g pr\ln\left(r_e / r_w\right)} \qquad (5\text{-}14)$$

式中　v_{sg}——岩心出口流体流速，m/s；

　　　v_{rg}——井底流体流速，m/s；

　　　p_{e1}——岩心入口压力，MPa；

　　　p_{w1}——岩心出口端压力，MPa；

　　　L——岩心长度，m；

　　　p——储层任意一点压力，MPa；

　　　r——储层任意一点到井筒的等效半径，m。

为了保证岩心出口流体流速与气井井底流速相等（即 $v_{sg}=v_{rg}$），可令式（5-13）中 $p=p_{w1}$，式（5-14）中 $p=p_w$，$r=r_w$，并设置岩心入口压力与储层压力相等 $p_{e1}=p_e$，则有：

$$p_{w1}^2 + \frac{\left(p_e^2 - p_w^2\right)L}{p_w r_w \ln\dfrac{r_e}{r_w}} p_{w1} - p_e^2 = 0 \qquad (5\text{-}15)$$

$$p_{w1} = \frac{1}{2}\left\{ -\frac{\left(p_e^2 - p_w^2\right)L}{p_w r_w \ln\left(r_e / r_w\right)} + \sqrt{\left[\frac{\left(p_e^2 - p_w^2\right)L}{p_w r_w \ln\left(r_e / r_w\right)}\right]^2 + 4p_e^2} \right\} \qquad (5\text{-}16)$$

$$\Delta p_{\text{实验}} = p_e - p_{w1} \qquad (5\text{-}17)$$

从式（5-16）与式（5-17）可以看出，只要给定气井井底流压，便可以得到产能模拟实验需要设定的岩心出口压力。岩心长度与单井控制区域尺度之间的对比关系则决定了实验压差与生产压差之间的对应关系。

假设已知研究区常用生产压差，利用压力转换公式［式（5-16）］与［式（5-17）］可以得到实验压差，再通过设定实验压差进行产能模拟实验测得流体出口流量，然后根据现有的产量转换公式［式（5-9）］，便可以转换得到单井径向流条件下的日产气量。然后将该产量与工业油气流标准进行对比，分析测定所在气藏的储量可动用下限范围。

2. 含水情况下的产能模拟实验

岩溶气藏储层依据其成藏的地质环境，孔喉中一般都含有不同程度的地层水。此时，部分渗流通道被水占据，或者束缚水膜减小了渗流通道，流体的渗流能力减弱。在岩心含水情况下进行的产能模拟实验中，相同压差下，岩心出口的流量普遍比不含水的产能模拟实验流量偏低。部分低孔隙度、低渗透率的含水岩样，流体在低压差下甚至不能流动，驱替压差需要超过启动压差才能流动。地层条件下的产能模拟实验，需要考虑水的存在对流体流动的影响，综合对比分析不含地层水和不同含水饱和度下岩心产能模拟实验结果。

（三）非均质性对储层采出程度的影响

对于强非均质岩溶气藏，储量可动性评价时不能仅按均质气藏的情况开展实验和进行转换分析，必须要考虑其非均质性对产能和储量采出程度的影响。各种不同类型的储集介质对产能和采出程度的贡献值都要考虑进去。

对于均质储层，常规产能模拟实验选用单个柱塞岩心作为样品。对于非均质性强的深层岩溶气藏，为了避免单个柱塞岩心代表性差的问题，把多类型岩心组合成长岩心后，进行地层条件下的产能模拟实验。

在产能模拟实验设计时，可以通过选取不同储集类型的岩心，优化组合形式，按各个储集类型所占的比例和架构来进行采出程度的实验和分析。

三、灯四段气藏地层条件下储量可动性评价

产能模拟实验装置与流程如图 5-5 所示。根据式（5-16）和式（5-17），只要确定了岩心样品的长度 L 便可得到实验压差与生产压差的对应关系。当组合岩心的长度为 0.4m、储层平均厚度 50m 时，压差相似换算与产量相似换算结果如图 5-6 所示。

根据安岳气田灯四段气藏常用生产压差为 6.0MPa，可得到组合岩心长度为 0.4m 时，实验压差为 4.5MPa。利用该压差进行产能模拟实验，孔隙度和渗透率与单井产能的关系如图 5-7 所示，从图中可以看出，储层孔隙度与产量的相关性较差。部分低孔隙度储层岩心实验具有较高的产量，对应的渗透率较高，原因是岩心中局部发育有微裂缝。但由于微裂缝连通的孔隙范围较小，该类储层无法保持长期稳产。储层渗透率与产量的相关性较强，当渗透率大于 0.03mD 时，单井日产气量可达到 $1×10^4m^3$ 的工业气流标准。由于裂缝—孔洞型储层和孔洞型储层的孔隙度普遍都高于 2%，孔隙型储层中的储量动用程度是整个储量动用的主要制约因素，因此需要确定出孔隙型储层可动用的下限。由于储层孔隙度与渗透率关系较差，只能依据岩心的孔隙度与渗透率关系及孔隙度与产能关系（图 5-7）综合

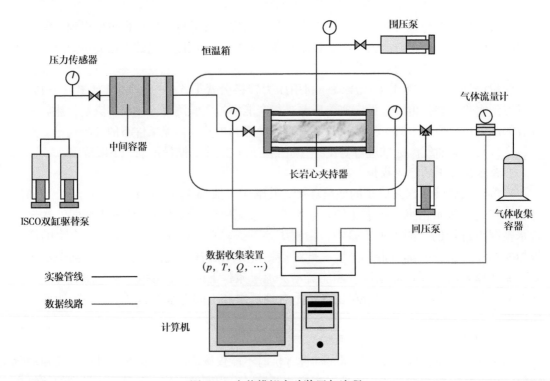

图 5-5　产能模拟实验装置与流程

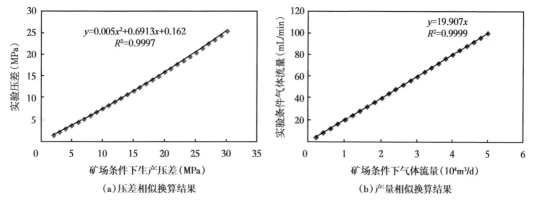

图 5-6　实验与矿场条件下压差与产量相似换算曲线

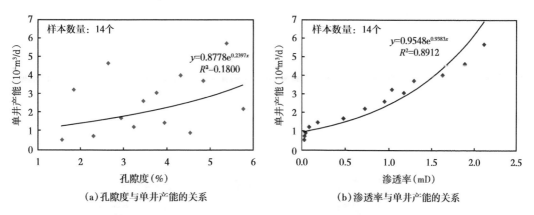

图 5-7　地层条件下产能模拟实验岩心孔隙度和渗透率与单井产能的关系曲线

得出孔隙型储层可动用的孔隙度范围在 2.3% 以上。如果不进行压差相似换算，直接采用生产压差 6.0 MPa 作为产能模拟实验压差，压差增大后实验出口流量偏高，可能得不到相应的最低工业气流产量对应的渗透率和孔隙度值。

　　灯四段气藏储层含有地层水，但地层水饱和度低于束缚水饱和度，一般认为开采情况下地层水不流动。灯四段气藏储层岩心开展产能模拟实验时，进行了不含水与含水岩心的产能模拟实验对比分析（表 5-1）。实验设计的驱替压差仍为 4.5MPa，含水饱和度为 25% 左右（低于束缚水饱和度）。其中孔隙型的岩心中流体在设计驱替压差下，基本不发生流动。孔洞型和裂缝—孔洞型岩心在含束缚水条件下，流动能力都有不同程度的影响，降低幅度均大于 30%。

表 5-1　灯四段气藏不同类型储层不含水岩心与含水岩心产能模拟实验结果对比表

岩心类型	孔隙度（%）	渗透率（mD）	含水饱和度（%）	不含水岩心换算产量（10^4m³/d）	含水岩心换算产量（10^4m³/d）	产量损失程度（%）
孔隙型	1.37	0.0104	25.74	0.21	未能流动	—
孔洞型	6.83	0.176	24.39	2.55	1.03	59.57
裂缝—孔洞型	5.04	2.45	25.63	17.38	11.54	33.60

灯四段气藏非均质性强，主要有裂缝—孔洞型、孔洞型和孔隙型 3 种储集类型的储层。在实际的开采过程中，3 种类型的储层的储量都可能会被动用。因此，需要开展地层条件下裂缝—孔洞型、孔洞型和孔隙型 3 种不同类型储层岩心组合的高温高压覆压衰竭式开采模拟实验，对 3 种类型岩心占总产气量的贡献值进行了对比分析。实验全直径岩心的基础参数见表 5-2，实验温度和压力均为地层温度和压力。

表 5-2   高温高压产能模拟实验样品基础参数

岩心类型	渗透率（mD）	孔隙度（%）
孔隙型	0.0124	1.58
孔洞型	0.104	3.55
裂缝—孔洞型	8.68	3.35

不同类型岩心在不同衰竭阶段的产能贡献值大小如图 5-8 所示，从图中可以发现，裂缝—溶洞型和孔洞型储层岩心是开发初期产量主要贡献来源，其中裂缝—孔洞型岩心贡献率最大。随着生产压差的增加，裂缝—孔洞型岩心贡献率逐步增加，孔隙型岩心中的流体动用率较低，占总气量贡献率小。随着衰竭时间的增加，到衰竭后期，高压差下孔隙型岩心动用程度得到提高，贡献率逐渐增大，最后占产量主要贡献的几乎全是孔隙型岩心。实验结果表明，3 种类型的储层中储量均有可能被动用，只是在不同的开采时期，其所占的比例不同。通过采用适当的生产制度和开发方式，能够提高各类储层的采出程度。

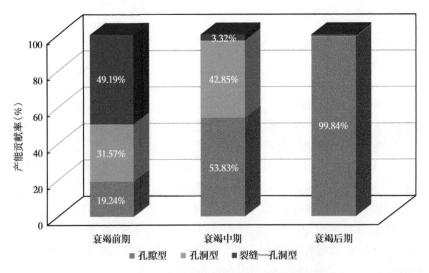

图 5-8   不同衰竭阶段不同类型岩心产能贡献率

通过开展地层条件下储量可动性评价分析，得到灯四段气藏储量可动性的研究结果：

（1）灯四段气藏产能模拟实验分析表明在实际单井生产过程中，孔隙度 2%~3%、渗透率 0.03mD 以上级别物性的孔隙型储层也会被动用，产出工业气流。

（2）多类型储层联合开发模拟实验分析表明，裂缝—孔洞型储层采出程度最高，孔洞型储层次之，孔隙型储层动用率最低。在开采后期，主要是动用的孔隙型等低渗透储层内的储量。非均质性对储层整体采出程度影响较大，非均质性越强，要提高低渗透储层内的储量动用程度，所需要的生产压差越大，回收开发成本的速度也越慢。

（3）储层含水时对非均质性强的岩溶储层储量动用影响程度较大。在有利区优选时，应回避含水程度相对较高的区域，以利于提高单井井控范围的采出程度。

随着开发过程的深入，有更多的气井投入生产，开发区域内的测井和试井等资料将会越来越丰富。在后期开发方案中，需要将生产测井、试井解释、示踪剂测试分析及数值模拟分析等多种分析手段的成果，结合储量可动性评价实验结果，逐渐深化和完善评价区域的认识，制订出更为适宜的生产制度和开发对策，不断提高单井和气藏的储量动用率。

第二节　开发有利区优选技术

在气藏开发早期，认为高石梯—磨溪区块灯四段气藏优质储层主要受桐湾期表生岩溶作用控制，优质储层集中发育于靠近震旦系顶部的灯四 ^{2} 与灯四 ^{3} 小层，远离震旦系顶部的灯四 ^{1} 小层，岩溶储层发育程度较低。而最新的研究与钻井证实，高石梯地区灯四 ^{1} 小层在沉积过程中，受海平面变化作用影响，以及多次的海岸性岩溶作用，也形成具有储渗意义的优质储层。本节在形成高石梯—磨溪区块灯四段气藏有利区划分原则基础上，通过建立有利区划分标准，分别优选了灯四 ^{1} 小层、灯四 ^{2} 与灯四 ^{3} 小层开发有利区，并利用数值模拟技术，计算了气藏可动用地质储量。

一、有利区划分原则

以效益开发理念为指导，综合构造、沉积相、岩溶古地貌、优质储层厚度、缝洞发育程度等因素，开展开发评价区内有利区划分[69-82]。

有利区须位于构造有利部位。台缘带灯四上亚段天然气富集，仅在北端构造圈闭外磨溪 22 井和磨溪 52 井测井解释存在边水，气水界面海拔为 -5230m；磨溪 102 井区存在局部封存水，气水界面海拔为 -4950m；在灯四下亚段，磨溪 22 井和磨溪 52 井测井解释存在水层、磨溪 022-X2 井测试产水。为避免气藏开发早期水侵影响气藏开发效果，故在有利区的选择上应确保灯四顶向下 100m 范围内优质储层为气层，从而确定台缘带北端有利区须位于海拔 -5150m 以上区域，磨溪 102 井区有利区须位于海拔 -4850m 以上。

有利区须位于丘翼、丘核有利微相发育区域。灯四段沉积时期丘翼、丘核微相中的藻凝块云岩、藻叠层云岩、藻砂屑云岩原生粒间孔隙发育，沉积后处于相对隆起部位，裂缝发育，有利于后期风化壳岩溶的发育，为表生期溶蚀提供了良好的通道和空间基础。此外，由于藻的粘结性导致丘滩体在遭受大气降水淋虑后形成的溶蚀孔洞得以保存。因此，丘翼、丘核微相分布很大程度上控制了储层的分布。

有利区须位于岩溶古地貌残丘、坡折带。古地貌作为影响岩溶作用的主控因素，与气井产能关系密切。古地貌恢复的结果表明，古地貌斜坡部位由于靠近德阳—安岳裂陷槽，距泄水区近，岩溶坡折带、残丘、岩溶缓坡微地貌第一水平潜流带中潜流上带厚度大于 45m 区域，溶蚀作用强，形成的溶蚀缝洞相对较多且保存条件较好，优质储层发育厚度大。统计表明，Ⅰ类和Ⅱ类井主要位于台缘带的古地貌残丘、坡折带区域。因此，有利区须位于岩溶古地貌残丘、坡折带区域（附图 12 和附图 13）。

有利区须位于优质储层发育区。统计Ⅰ类、Ⅱ类和Ⅲ类井产能与裂缝—孔洞型、孔洞型储层厚度关系表明，Ⅰ类和Ⅱ类井分布在裂缝—孔洞型储层垂厚大于15m或孔洞型储层垂厚大于25m区域。为使有利区获得较多的Ⅰ类和Ⅱ类井，有利区须选择优质储层厚度大于15m区域。

有利区须位于缝洞发育区。高石梯—磨溪区块灯四段储层以溶蚀作用形成的孔洞为主要的储集空间，洞、缝是优质储层主要渗流通道，其发育程度决定了油气产能的高低。由于单个的孔、洞、缝对油气的聚集所起的作用是微乎其微的，真正具有勘探与开发价值的实际上就是具有一定规模的孔、洞、缝发育带，而地震预测由于分辨率的限制，无法识别出单个的孔、洞、缝，但能识别规模达到一定程度的孔、洞、缝发育带，因此，孔、洞、缝发育带的分布可为有利区划分提供参考。

二、优质储量区分级评价体系

根据上述原则，建立了一类和二类有利区划分标准。一类有利区须同时满足位于古地貌残丘、坡折带，第一潜流带内潜流上带厚度大于45m，地震预测缝洞发育区，孔隙度大于3%储层厚度大于20m，灯四上亚段优质储层厚度大于20m区域。二类有利区主要位于古地貌残丘、坡折带，第一潜流带内潜流上带厚度小于45m，地震预测缝洞发育区，孔隙度大于3%储层厚度大于15m，灯四上亚段优质储层厚度大于15m区域（表5-3）。

表5-3 高石梯—磨溪区块灯四段有利区分级划分标准表

指标＼分级	一类有利区	二类有利区
沉积相	丘滩发育区（丘滩比例大于65%）	丘滩发育、较发育区（丘滩比例大于50%）
古地貌	主要位于残丘、坡折带	主要位于残丘、坡折带
第一潜流带潜流上带厚度	大于45m区域	小于45m区域
地震预测缝洞发育	缝洞发育区	缝洞发育区
储层	孔隙度大于3%储层厚度大于20m	孔隙度大于3%储层厚度大于15m
	优质储层厚度大于20m	优质储层厚度大于15m

（一）灯四^{2}与灯四^{3}小层有利区优选

根据有利区划分标准，在高石1井区、磨溪22井区、磨溪109井区和磨溪52井区中优选了4个开发有利区——高石1有利区、磨溪108-111有利区、磨溪118有利区、磨溪109有利区，这4个开发有利区的总叠合面积为682.5km^2。进一步根据沉积有利区、古地貌单元、储层发育情况等因素在这4个有利区优选出5个一类有利区，总面积319.3km^2，4个二类有利区，总面积363.2km^2（附图14）。

（二）灯四^{1}小层有利区优选

高石梯区块灯四^{1}小层优质储层集中发育于近海岸线10km以内区域，且优质岩溶储层发育厚度随距离古海岸线的距离的增加而减少。综合考虑灯四^{1}小层的沉积、储层、含气性、储量区分布以及与上覆有利区的叠合特征，对灯四^{1}小层开展了有利区优选，优选得有利区面积256.00km^2。进一步根据沉积前古地貌、丘地比、优质储层的厚度情况等因素将灯四^{1}小层有利区划分为2个一类区，面积171.78km^2，1个二类区，面积84.22km^2（附图15）。

（三）有利区综合优选

依据最新的研究成果，综合考虑高石梯—磨溪区块灯四^1、灯四^{2}和灯四^{3}小层有利区优选结果，在高石梯—磨溪区块灯四段通过各小层叠合，优选有利区面积为700km^2（附图16）。

通过对高石梯—磨溪区块灯四段气藏一类和二类有利区内孔隙度2%~3%和孔隙度大于3%的储层进行分类统计，统计结果表明，一类有利区孔隙度2%~3%的储层发育2~61层，单井平均发育18层，单井平均垂厚3.6m；孔隙度大于3%的储层发育9~54层，单井平均发育27层，单井平均垂厚23.1m。二类有利区孔隙度2%~3%的储层发育1~26层，单井平均发育8层，单井平均垂厚2.2m；孔隙度大于3%的储层发育13~57层，单井平均发育27层，单井平均垂厚16.3m。总体来说，高石梯—磨溪区块灯四段气藏一类有利区较二类有利区孔隙度2%~3%的储层单井平均层数更多、单井平均垂厚更大，孔隙度大于3%的储层单井平均层数相等，但单井平均垂厚更大，因此一类有利区储层发育程度优于二类有利区（表5-4）。

表5-4　高石梯—磨溪区块台缘带有利区储层发育统计表

有利区类型	储层孔隙度（%）	单井平均储层数（个）	单井平均垂厚（m）
一类有利区	2~3	18	3.6
	>3	27	23.1
二类有利区	2~3	8	2.2
	>3	27	16.3

三、古岩溶气藏多因素约束储层建模技术及可动用地质储量计算

首先，根据高石梯—磨溪区块震旦系灯四段气藏特征，利用古岩溶气藏多因素约束储层建模技术，建立了灯四段气藏储层模型；其次，在对孔隙度2%~3%储量可动性评价基础上，利用数值模拟技术，计算了气藏可动用地质储量。

（一）古岩溶气藏多因素约束储层建模技术

该区白云岩储层非均质性强，储层在空间上的发育程度不仅受沉积相控制，还要受到溶蚀作用和构造作用强弱的控制；多期次构造活动和多次海平面升降导致研究区多组系裂缝发育，岩溶叠加改造作用显著，形成了以溶蚀孔洞及裂缝为主要储集空间的古岩溶型储层，具有非均质性极强的储层特征。储层储集空间类型多样，储集空间有孔隙、溶洞和裂缝，并且其搭配关系复杂。在这种条件下，需要采取有效技术才能刻画出白云岩储层的空间展布和属性分布特征。此类储层的地质建模问题是世界性难题，其建模技术在国内外都处于探索阶段，无成熟的技术经验可供借鉴。

（1）以地震属性作为沉积相及岩溶相建模约束条件，提高井间相预测精度。

灯四段气藏主要发育5类沉积微相（丘盖、丘核、丘翼、丘基、丘间）和3类岩溶相（地表岩溶带、垂向渗流带、第一潜流带）。沉积相和岩溶相模型的建立是利用单井沉积相和岩溶相的划分数据，在垂向概率分布分析和变差函数分析的基础上，分别以丘滩体（地震刻画）及岩溶古地貌为约束条件，运用序贯指示模拟方法，采用适用于多单元离散模型模拟的序贯指示模拟算法实现的。由于利用了地震刻画的丘滩体及岩溶古地貌，使得井间

沉积相及岩溶相的预测更加可靠。

（2）以井震数据之间的条件概率关系作为储层构型建模约束条件，提高井间储层预测精度。

基于岩心观察、常规与成像测井特征，并考虑储渗空间的成因、类型、大小及其搭配关系，将安岳气田灯四段气藏白云岩储层划分为4种构型（角砾间溶洞、孔隙、孔隙溶洞、裂缝—孔洞）。为了使井间储层预测结果既符合地质认识，又能体现储层在空间上的非均质性，尝试利用地震反演属性体作为井间储层模拟的约束条件。以单井储层构型为"硬数据"，根据波阻抗数据与储层构型之间的对应性，建立条件概率作为"软数据"，然后以此条件概率关系来约束4种储层构型在空间上的分布趋势和概率。

（3）以有利沉积相及有利岩溶相叠合区域作为储层构型建模约束条件，建立储层构型模型。

根据已建立的沉积相和岩溶相模型，将有利沉积相（丘核、丘翼）及有利岩溶相（地表岩溶带、垂向渗流带、第一潜流带）分布区域叠合，形成有利相叠合体。然后，在垂向概率分布分析和变差函数分析的基础上，以有利沉积相及有利岩溶相叠合区域作为储层构型建模约束条件，并利用已建立的条件概率作为"软数据"，采用适用于多单元离散模型模拟的序贯指示模拟算法，实现各类储层在空间上的预测模拟，建立储层构型模型。

（4）利用野外剖面分析储层属性变差函数特征。

灯四段气藏井距较大，出现了井距大于属性变程的现象，加之优质储层纵横向发育非均质性强，通过井点数据分析求取的储层属性变差函数特征不能反映实际情况，所以不能按常规方法利用井点信息进行变差函数的拟合。为了克服研究区稀井网条件给储层属性变差函数分析带来的困难，通过将野外剖面网格化，建立面孔率剖面模型，拟合出面孔率的变差函数特征，求得水平方向面孔率变程为27.1m，垂直方向面孔率变程为14.2m，从而为储层属性建模提供依据。

（5）以储层构型模型作为属性建模约束条件，建立储层属性模型。

属性模拟采用经典的适合连续型模型的序贯高斯模拟算法，在建立储层构型模型的基础上，在每种储层构型内部进行属性随机模拟，利用野外剖面分析得到储层属性变差函数特征，建立储层构型约束下的属性模型。

（二）可动用地质储量计算

根据示踪剂和生产测井分析，孔隙度2%~3%的储层段平均产能贡献率为10%~20%，表明孔隙度2%~3%的储层存在产量贡献。综合试井分析与动态储量推算结果，计算得孔隙度2%~3%的储层压力波及半径为0.7km左右，波及面积为1.53km^{2}左右。

考虑气藏储层具有强非均质性，灯四段气藏是先确定投产井数，再确定开发规模，因此根据孔隙度2%~3%的储层储量具体动用程度，将投产井历史拟合后预测至2050年的地质储量作为气藏的动用地质储量。根据优化后的开发技术对策，按照"充分动用孔隙度大于3%储量，兼顾孔隙度介于2%~3%储量，实现效益最大化"原则，开发有利区内可部署井为128口井。对投产井开展历史拟合完善地质模型（图5-9和图5-10），128口全部部署后预测至2050年，压力波及半径0.7km范围内孔隙度2%~3%地质储量作为孔隙度2%~3%可动用储量，压力波及范围内孔隙度大于3%地质储量全部为可动用储量，合计气藏可动地质储量为2510.73×10^{8}m^3（表5-5）。

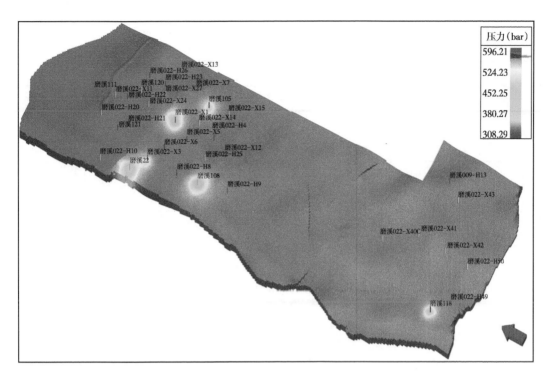

图 5-9 磨溪区块拟合压力分布图

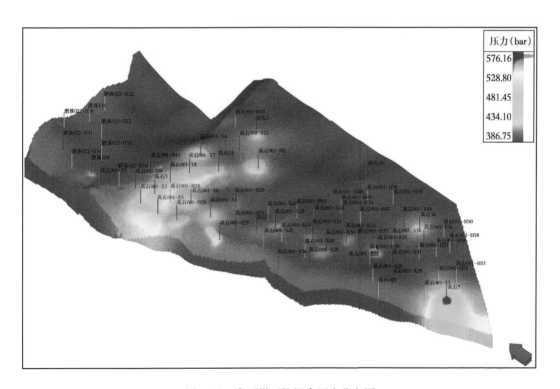

图 5-10 高石梯区块拟合压力分布图

表 5-5　高石梯—磨溪区块震旦系灯四段气藏开发有利区动用地质储量计算明细表

井区	有利区	小层	面积（km²）	孔隙度大于3%储量（10⁸m³）	2%~3%可动用储量（10⁸m³）	可动地质储量（10⁸m³）
磨溪109有利区	一类有利区	灯四²⁺³	24.87	47.80	11.18	58.98
	二类有利区		46.97	79.65	10.98	90.63
磨溪118有利区	一类有利区		50.48	118.76	33.20	151.96
	二类有利区		70.72	137.58	11.54	149.12
磨溪108-111有利区	一类有利区		72.19	197.30	65.71	263.01
	二类有利区		93.91	177.68	25.83	203.51
高石1井区	一类有利区		171.78	511.05	120.38	631.43
	二类有利区		151.62	418.13	61.87	480
高石1井区	一类有利区	灯四¹	171.78	328.70	16.21	344.91
	二类有利区		84.22	129.13	8.05	137.18
合计			700	2145.78	364.95	2510.73

第六章
超深强非均质岩溶气藏开发目标靶体优选技术

本章以四川盆地高石梯—磨溪区块灯影组四段强非均质岩溶气藏为例，基于5种岩溶储层发育的地质模式，进一步分析了相应地质背景下储层的纵向展布特征，在高石梯—磨溪区块灯四段中总结出了5种典型的优质储层发育模式，明确了不同优质储层发育模式的地震响应特征。同时结合试井、气藏工程、经济评价等多种方法对气井靶体参数与气井合理开发井距进行了优化，考虑储层厚度及物性、构造位置、测试产能、高压气藏的应力敏感等因素，形成了超深强非均质岩溶气藏开发目标靶体优选技术。

第一节　高产井模式的建立

一、岩溶储层发育模式与优质储层分布的关系

基于5种岩溶储层发育的地质模式，进一步分析了相应地质背景下储层的纵向展布特征，在高石梯—磨溪区块灯四段中总结出了5种典型的优质储层发育模式[83]（图6-1）。磨溪22井区为典型的藻丘＋坡折带储层发育模式，此类模式区中由于硅质层之上的灯四³小层整体剥缺，优质储层主要发育于下部的灯四²小层中；磨溪9井区与高石8井区为典型的藻丘＋残丘＋断裂模式区，由于存在断层沟通，虽然硅质层稳定存在，但该区内的灯四²与灯四³小层优质储层均发育，但磨溪9与高石8井区不同的是，磨溪9井区优质储层为薄互层为主，而高石8井区为集中发育的厚层优质储层；高石3井区为典型的藻丘＋残丘区域，由于下部地层受硅质层封隔，因此灯四²小层岩溶储层不发育，优质储层主要发育于灯四³小层中；高石2井区为典型的藻丘＋坡折带＋断裂发育区，在储层上即表现为高石2井区顶部灯四³小层被剥蚀为薄层，硅质层存在，岩溶流体主要通过断裂进入下部储层中，在灯四²小层形成了良好的岩溶优质储层。

二、高产井地震影响模式建立

高石梯—磨溪区块灯四段优质储层可分为5种不同的组合模式，根据5种优质储层模型进行正演模拟，从正演结果可以看出，不同的储层组合模式下，优质储层发育的地震响应特征是不同的。

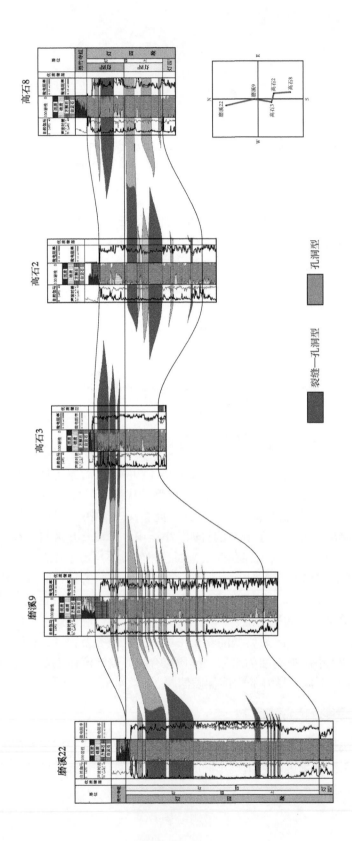

图 6-1　高石梯—磨溪区块不同地质模式区优质储层大干对比剖面图

这 5 种优质储层的地震响应模式如下：（1）高石 3 井模式——顶部厚层状优质储层发育（灯四^{3}储层发育），地震响应特征具有震顶波峰能量减弱，宽波谷大于 40ms，灯四上亚段底附近波峰能量减弱的特征，以高石 3 井最为典型；（2）高石 2 井模式——中部优质储层发育（灯四^{2}储层发育），具有震旦系顶波峰能量强且均一，波谷明显变宽大于 40ms，内部出现扰动，灯四上亚段底附近波峰能量减弱的特征，以高石 2 井最为典型；（3）高石 9 井模式——三套储层均发育（灯四^3+ 灯四^2+ 灯四^{1}储层发育），具有震旦系顶波峰能量变弱，宽波谷大于 40ms，灯四上亚段底附近波峰出现双轴、分叉或减弱的地震响应特征，以高石 9 井最为典型；（4）磨溪 9 井模式——灯四段云岩与上覆麦地坪组石灰岩不整合接触，古地貌位于坡折带，灯四^{3}小层遭受剥蚀较强，残余厚度 20~30m，优质储层小于 15m，灯四^{2}发育程度较弱，正演地震响应特征为宽波谷 + 双亮点的特征，以磨溪 9 井最为典型；（5）磨溪 22 井模式——灯四段云岩与上覆筇竹寺组泥岩不整合接触，古地貌位于坡折带，灯四^{3}小层遭受强烈剥蚀缺失，灯四^{2}小层厚层状优质储层发育，正演地震响应特征为宽波谷 + 顶部波峰减弱 + 中部强亮点的特征，以磨溪 22 井最为典型。

通常由于不同井区储层发育位置不同而造成储层地震响应特征存在差异。通过储层地震响应特征分析总结，认为上述 5 种优质储层地震响应模式可以进一步简化概括为 3 种地震响应模式[14, 84]："宽波谷 + 单亮点""宽波谷 + 双亮点"以及"宽波谷 + 扰动"。其中，在藻丘 + 坡折带模式区内，优质储层集中发育于灯四^{2}小层中，且厚度大、物性好，在地球物理上表现为"宽波谷 + 单亮点"的地震响应特征。藻丘 + 残丘 + 断裂模式区中主要发育灯四^{2}与灯四^{3}两套优质储层，当储层单层厚度较薄时，表现出"宽波谷 + 双亮点"的地震响应特征（如磨溪 9 井）；而储层较厚时候，由于储层集中发育地震资料难以分析各套储层，则在剖面上表现出"宽波谷 + 扰动"的地震响应特征（如高石 8 井）。藻丘 + 残丘模式区内优质储层集中发育于灯四^{3}小层，表现为"宽波谷 + 单亮点"的地震响应特征。藻丘 + 坡折带 + 断裂区域内由于优质储层集中发育于灯四^{2}小层，表现为"宽波谷 + 扰动"的地震响应特征，但波谷宽度与断裂 + 残丘模式相比略窄（图 6-2）。

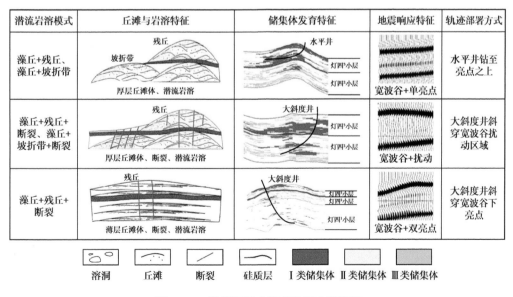

图 6-2　5 类储层组合模式地震响应特征

第二节　开发目标靶体参数优化技术

一、基于储渗体的大斜度井 / 水平井靶体参数非线性优化技术

（一）水平井相对直井的稳态产能比分析

相同地质条件下，水平井通过增大气井泄流面积提高气井产量已为人们所共识，水平井相对直井的增产倍比已成为待开发区域井型优选及已开发区块水平井开采效果评价的重要指标。为此，运用同时考虑近井区高速非达西与远井区阈压效应的水平井及直井稳定产能评价模型，推导出水平井相对直井稳态产能比的预测方程。

1. 同时考虑近井区高速非达西与远井区阈压效应的水平井稳态产能方程

通过深入分析现有水平井产能评价模型适用性，优选保角变换方法，建立了同时考虑近井区高速非达西与远井区阈压效应的水平井稳定产能评价模型：

$$A_H q_H + B_H q_H^2 = p_e^2 - p_{wf}^2 - 2p\lambda\left(r_{eH} - r_w e^{-S} - \frac{L-h}{2}\right) \quad (6-1)$$

$$A_H = 1.274\times10^{-3}\frac{\mu}{K_h}\frac{ZT}{h}\left[\ln\frac{a+\sqrt{a^2-(L/2)^2}}{0.5L}+\frac{\beta h}{L}\ln\frac{(\beta h/2)^2+\beta^2\delta^2}{\pi\beta h r_w e^{-S}/2}\right] \quad (6-2)$$

$$B_H = 2.82\times10^{-21}\frac{ZT\gamma_g}{h^2}\left[\beta'\left(1-\frac{0.5L}{a+\sqrt{a^2-(L/2)^2}}\right)+\frac{\beta''h^2}{L^2}\left(\frac{\beta h}{2\pi r_w e^{-S}}-1\right)\right] \quad (6-3)$$

其中

$$a = \frac{L}{2}\left[0.5+\sqrt{0.25+(2r_{eH}/L)^4}\right]^{0.5} \quad (6-4)$$

$$r_{eH} = \sqrt{r_{eV}^2 + 2Lr_{eV}/\pi} \quad (6-5)$$

2. 同时考虑近井区高速非达西与远井区阈压效应的直井稳态产能方程

$$A_V q_V + B_V q_V^2 = p_e^2 - p_{wf}^2 - 2p\lambda\left(r_{eV} - r_w e^{-S}\right) \quad (6-6)$$

$$A_V = 1.274\times10^{-3}\frac{\mu}{K_h}\frac{ZT}{h}\left(\ln\frac{r_{eV}}{r_w e^{-S}}\right) \quad (6-7)$$

$$B_V = 2.82\times10^{-21}\frac{ZT\gamma_g}{r_w e^{-S}h^2}\beta' \quad (6-8)$$

3. 同时考虑近井区高速非达西与远井区阈压效应的水平井相对直井稳态产能比

由式（6-1）可以得到水平井的产量表达式：

$$q_{H} = \frac{\sqrt{A_{H}^{2} + 4B_{H}\left[p_{e}^{2} - p_{w}^{2} - 2p\lambda\left(r_{e} - r_{w}e^{-S} - \dfrac{L-h}{2}\right)\right]} - A_{H}}{2B_{H}} \qquad (6\text{-}9)$$

由式（6-6）可以得到直井的产量表达式：

$$q_{V} = \frac{\sqrt{A_{V}^{2} + 4B_{V}\left[p_{e}^{2} - p_{wf}^{2} - 2p\lambda\left(r_{e} - r_{w}e^{-S} - \dfrac{L-h}{2}\right)\right]} - A_{V}}{2B_{V}} \qquad (6\text{-}10)$$

由式（6-9）和式（6-10）可以得到水平井相对直井稳态产能比的理论计算式：

$$HRV = \frac{q_{H}}{q_{V}} = \frac{\sqrt{A_{H}^{2} + 4B_{H}\left[p_{e}^{2} - p_{wf}^{2} - 2p\lambda\left(r_{eH} - r_{w}e^{-S} - \dfrac{L-h}{2}\right)\right]} - A_{H}}{\sqrt{A_{V}^{2} + 4B_{V}\left[p_{e}^{2} - p_{wf}^{2} - 2p\lambda\left(r_{eV} - r_{w}e^{-S}\right)\right]} - A_{V}} \frac{B_{V}}{B_{H}} \qquad (6\text{-}11)$$

式中　HRV ——水平井相对直井的稳态产能比；

p_{e} ——地层压力，MPa；

p_{wf} ——井底流压，MPa；

p ——当前压力，MPa；

q_{H}，q_{V} ——水平井、直井的产量，$10^{4}\mathrm{m}^{3}/\mathrm{d}$；

T ——地层温度，K；

h ——储层厚度，m；

K_{h} ——水平方向渗透率，mD；

L ——水平段长度，m；

a ——水平井椭球流场长半轴，m；

δ ——偏心距，m；

r_{eH}，r_{eV} ——水平井、直井泄流半径，m；

r_{w} ——井半径，m；

β ——综合紊流系数，m^{-1}；

β'，β'' ——水平方向、垂直方向紊流系数，m^{-1}；

λ ——临界压力梯度，MPa/m；

S ——表皮系数；

μ ——天然气黏度，$\mathrm{mPa\cdot s}$；

Z ——天然气偏差因子；

γ_{g} ——天然气相对密度。

（二）大斜度井相对直井的稳态产能比分析

　　大斜度井因生产管柱的倾斜改变了气井泄流区的几何形状与大小，从井身结构来看，大斜度井兼具直井和水平井的某些特点。大斜度井是另一种提高气井产量的定向井，具有与水平井类似的增产原理，即通过增大泄油面积实现增产。目前广泛采用的大斜度井稳态产能方程为：

$$q_{\mathrm{S}} = \frac{p_{\mathrm{e}}^2 - p_{\mathrm{wf}}^2}{1.274 \times 10^{-3} \dfrac{\mu}{K} \dfrac{ZT}{h}\left(\ln \dfrac{r_{\mathrm{e}}}{r_{\mathrm{w}}} + S_{\theta}\right)} \qquad (6\text{-}12)$$

式中　q_{S}——大斜度井产量，$10^4\mathrm{m}^3/\mathrm{d}$；

S_{θ}——拟表皮系数。

与直井相比，大斜度井的产能方程仅仅多了一项由于井眼倾斜产生的负表皮——拟表皮系数 S_{θ}，其表达式为：

$$S_{\theta} = \left(1 - \frac{\cos\theta}{\gamma}\right)\ln\left(\frac{4\gamma_{\mathrm{w}}}{L}\frac{1}{\beta\gamma}\right) + \frac{\cos\theta}{\gamma}\ln\left(\frac{2\sqrt{\gamma\cos\theta}}{1+\gamma}\right) \qquad (6\text{-}13)$$

其中

$$\gamma = \sqrt{\cos^2\theta + \frac{1}{\beta^2}\sin^2\theta},$$

$$L = \frac{h}{\cos\theta}$$

$$\beta = \sqrt{\frac{K_{\mathrm{h}}}{K_{\mathrm{v}}}}$$

式中　L——大斜度井井段长度，m；

γ——欧拉常数，取 0.5772；

θ——大斜度井井斜角，（°）。

由式（6-12）与直井稳态产能方程相结合，推导出大斜度井相对直井的稳态产能比理论计算公式：

$$\mathrm{SRV} = \frac{q_{\mathrm{S}}}{q_{\mathrm{V}}} = \frac{\ln\left(\dfrac{r_{\mathrm{e}}}{r_{\mathrm{w}}}\right)}{\ln\left(\dfrac{r_{\mathrm{e}}}{r_{\mathrm{w}}}\right) + S_{\theta}} \qquad (6\text{-}14)$$

式中　SRV——大斜度井相对直井的稳态产能比。

（三）气藏开发井型优选技术流程设计

按照井型优选准则设计井型优选技术流程，如图 6-3 所示。

1. 步骤一——水平井相对直井的稳态产能比判别

水平井相对直井的稳态产能比分析图版显示，水平井并非在任何条件下都能提高气井产量，对于具有渗透率各向异性特征的储层，厚储层短水平井的产能比同等条件下的直井还低，这一区域的范围扩大，显然对于这种水平井稳态产能比小于或等于 1（HRV ≤ 1）

的情况不适合水平井开采。总体而言，水平井应用于厚储层的局限性很大程度上需要通过延长水平段长度予以弥补。

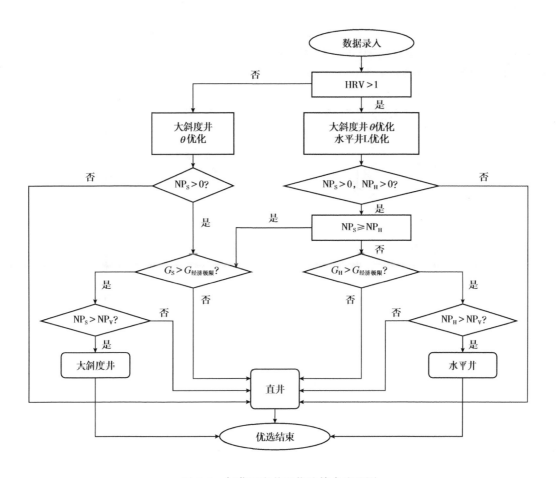

图 6-3　气藏开发井型优选技术流程图

NP——气井净收益，万元；G——气井控制储量，$10^8\mathrm{m}^3$；C——气井开发成本，万元；
下标 H 代表水平井，下标 S 代表大斜度井，下标 V 代表直井

2. 步骤二——水平井（大斜度井）参数优化

大斜度井相对直井的稳态产能比始终是大于 1 的，当水平井相对直井的稳态产能比也大于 1 时，需进行水平井与大斜度井之间的比选。对于一个将进行井型优选的目标区块，其地质条件是确定的，而影响气井产能大小的关键因素——水平井水平段长度（L）与大斜度井井斜角（θ）却是可变的，也是可以预先设计的。因此，要对水平井和大斜度井的产能进行评价，必须先完成水平井和大斜度井的优化设计。众所周知，水平井水平段长度增加（大斜度井井斜角增加）将引起水平井（大斜度井）产能增加、水平井（大斜度井）产值增加；但同时随着水平段长度延伸（大斜度井井斜角增大），不仅钻井周期增加且作业难度也越来越大，由此发生的实际费用将大幅度增加，风险费用也越来越大，相应增加了水平井（大斜度井）的开发成本。水平井水平段长度增加（大斜度井井斜角增加）产生的利弊相互制衡，由此产生了如何确定最佳水平段长度与最佳井斜角的问题。关于水平段

长度优化，已有方法大都是基于水平井筒摩阻对水平井产能的影响规律，利用水平段长度与水平井产能关系曲线进行确定（图 6-4），但水平井是否优于直井并不仅仅取决于水平井相对直井是否增产，而在于水平井是否具有比直井更高的经济效益。为此，在水平井（大斜度井）增效原则的指导思想下，建立水平井（大斜度井）参数优化方法：以实现效益最大化为优化目标，取与水平井（大斜度井）净收益最大值所对应的水平段长度（井斜角）为优化结果（图 6-5）。

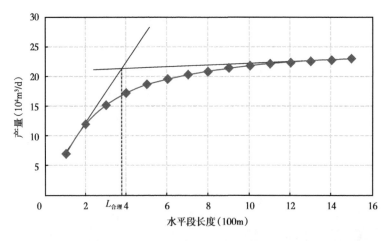

图 6-4　水平段长度与产量关系曲线确定合理水平段长度方法示意图

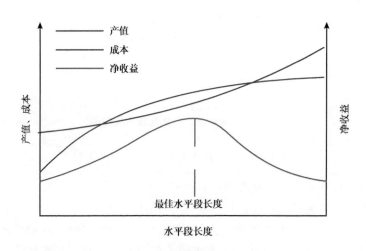

图 6-5　水平段长度优化示意图

气井产值取决于其累计产量。按照经验取值，震旦系灯四段气藏单井以 21 年（1 年建设期和 20 年运营期）投资回收期作为评价期，取 2019 年西南油气田公司天然气平均出厂价 1.275 元 /m^3，以 1/4 无阻流量（q_{AOF}）对气井配产，取年有效生产时间 330 天，震旦系气藏天然气商品率取 93.5%，则气井在评价期内形成的产值（PV）可表示为：

$$PV=0.935×1.275×21×330×q_{AOF}/4=2065.36q_{AOF}（万元）\qquad（6-15）$$

气井开发成本包括钻井成本及评价期内发生的天然气生产操作费。钻井成本主要由设备费、钻进费、起下钻费、固井费、完井费和技术服务费组成，其中设备费、钻进费、起下钻费和技术服务费等都是钻井时间的函数，钻井时间越长，总费用越高。取 2019 年高石梯—磨溪区块平均天然气生产操作费为 0.265 元 /m³，则评价期内气井的开发成本（C）为：

$$C = C_{钻} + 21 \times 330 \times 0.265 \times q_{AOF}/4 = C_{钻} + 459.11 q_{AOF}（万元）\tag{6-16}$$

式中　$C_{钻}$——钻井成本，万元。

气井在评价期内创造的产值减去其开发成本即为气井在评价期获得的净收益，即：

$$NP = PV - C = 1606.25 q_{AOF} - C_{钻}（万元）\tag{6-17}$$

在式（6-17）中，q_{AOF} 与 $C_{钻}$ 都是关于水平段长度（井斜角）的函数，因此，气井净收益（NP）的大小最终与水平段长度（井斜角）直接相关，当 NP 值达到最大时，对应的水平段长度（井斜角）即为水平井（大斜度井）的合理水平段长度（井斜角）。需要说明的是，由于式（6-15）和式（6-16）中涉及了较多的经验参数取值，这些参数的大小与市场经济发展、钻完井工艺技术密切相关，因此，计算净收益的公式（6-17）并非固定不变的计算式，列举于此仅仅是为水平段长度（井斜角）优化展示一种可行的具体方法。

当 HRV ≤ 1 时，即水平井不能提高气井无阻流量实现增产，气藏开发井型就只能在大斜度井与直井之间进行比选，需要进行大斜度井井斜角优化。

3. 步骤三——水平井（大斜度井）控制储量约束分析

在步骤二里，水平井（大斜度井）产值的确定已经隐含了"水平井（大斜度井）具有与其稳定产量相匹配的地质储量"这一假设前提，这就要求水平井（大斜度井）具有足够的储量基础，即与最佳水平段长度对应的水平井或与最佳井斜角对应的大斜度井的控制储量要大于各自的经济极限可采储量。控制储量采用容积法进行确定：

$$G_{控} = 10^{-8} \pi r_e^2 h \phi S_g / B_g \tag{6-18}$$

式中　$G_{控}$——气井控制储量，$10^8 m^3$；

　　　r_e——气井供气半径，m；

　　　h——有效储层厚度，m；

　　　ϕ——有效孔隙度，%；

　　　S_g——含气饱和度，%；

　　　B_g——天然气体积系数。

经济极限可采储量是气井实现效益开采的储量下限，实际上就是当气井产值与气井开发成本相当时的累计产气量：

$$G_{经济极限} = C / (1.275 \times 0.935) = 1.19C \tag{6-19}$$

式中　$G_{经济极限}$——气井经济极限可采储量，$10^8 m^3$。

如果水平井（大斜度井）的控制储量小于其经济极限可采储量，意味着水平井（大斜度井）的储层条件无法满足由开发成本决定的储量要求，气藏开发井型不宜采用水平井（大斜度井）。通过上述预测方法，在一类储渗体中，因其高产模式为叠合岩溶型裂缝—孔洞型储层模式，宜采用井斜角在 80° 左右的斜井开发（图 6-6）；而在以潜流岩溶型孔洞型储层模式为主的二类储渗体中，宜采用水平井开发，水平段长度在 800~1100m 之间（图 6-7）。

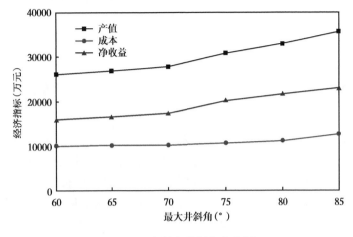

图 6-6　大斜度井斜角优化图

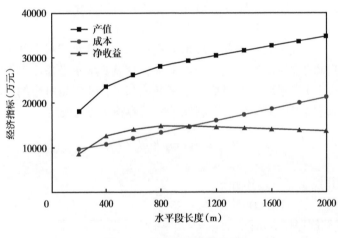

图 6-7　水平段长度优化图

二、"地质因素＋经济极限条件"共同约束下的气井合理井距确定方法

（一）气藏合理开发井网的确定

安岳气田高石梯—磨溪区块灯四段气藏属于典型的特大型深层岩溶风化壳碳酸盐岩气藏，受多期岩溶作用的影响，储层非均质性较强，渗流规律复杂，气井产能差异大。根据国内外大型气藏调研结果，这类非均质性强、气井产能差异大的气藏主要在裂缝—孔洞型、孔洞型储层发育区获得高产[85]。在开发过程中不宜均匀部署井网，采用不规则井网可以有效地控制储层，有利于提高储量动用率，所以气藏开发多以不规则井网为主（表 6-1）。

表 6-1　国内外大型气田井网井距统计表

气藏	部署区域	部署方式	水体
拉克气藏		不规则井网	无边底水
奥伦堡凝析气藏	高渗透区	中央布井	有边底水
	低渗透带	均匀井网	
普光气藏	主体区	不规则井网	
	周边	不规则井网	
克拉 2 气藏		沿构造高部位直线布井	
萨曼杰佩气藏		不规则井网、在边境加密井网	

（二）气井合理开发井距的确定

1. 动态控制半径法

1）裂缝—孔洞型储层

裂缝—孔洞型储层岩性以藻凝块云岩、藻叠层云岩、颗粒白云岩为主，在岩心上可同时观察到溶蚀孔洞和裂缝组合的存在，表现为岩心破碎、裂缝发育、溶蚀孔洞发育；FMI 成像上高亮背景下暗色正弦线状影像和暗色斑点分布；常规测井特征表现为低电阻率、低自然伽马、高声波时差、低密度值、高中子；数字岩心分析上表现为缝洞交错发育，缝洞搭配好。这类储层气井测试产量较高，酸压改造后一般在 $50 \times 10^4 \sim 200 \times 10^4 \mathrm{m^3/d}$，可利用气井生产动态数据，先计算气井动态储量，再利用容积法反推算井控半径。如高石 2 井和高石 3 井在试采期间多次开展压力恢复试井测试，利用多次计算的外推地层压力，采用物质平衡法计算出高石 2 井动态储量为 $20.44 \times 10^8 \mathrm{m^3}$，高石 3 井动态储量为 $37.08 \times 10^8 \mathrm{m^3}$。当气井进入边界控制流以后[86-87]，利用生产数据建立单井 Blasingame 曲线，与理论特征曲线进行拟合，选择任一拟合点，记录实际拟合点 $(t_{ca}, q/\Delta p_p)_M$ 以及相应的理论拟合点 $(t_{caDd}, q_{Dd})_M$，采用式（6-20）计算高石 2 井和高石 3 井的动态储量分别为 $18.82 \times 10^8 \mathrm{m^3}$ 和 $39.82 \times 10^8 \mathrm{m^3}$。两种方法计算的动态储量较为接近，取其平均值分别为 $19.63 \times 10^8 \mathrm{m^3}$ 和 $38.45 \times 10^8 \mathrm{m^3}$，再采用容积法计算出两口井的井控半径分别为 1.26km 和 1.36km。也可采用式（6-21）直接计算气井井控半径。

$$G = \frac{1}{C_t} \left(\frac{t_{ca}}{t_{caDd}} \right)_M \left(\frac{q/\Delta p_p}{q_{Dd}} \right)_M (1 - S_w) \qquad (6\text{-}20)$$

$$r_e = \sqrt{\frac{\dfrac{B}{C_t} \left(\dfrac{t_{ca}}{t_{caDd}} \right)_M \left(\dfrac{q/\Delta p_p}{q_{Dd}} \right)_M}{\pi h \phi}} \qquad (6\text{-}21)$$

式中　G ——天然气地质储量，$10^8 \mathrm{m^3}$；

$\quad\quad C_t$ ——地层总压缩系数，$\mathrm{MPa^{-1}}$；

$\quad\quad t_{ca}$ ——气井物质平衡拟时间，d；

$\quad\quad t_{caDd}$ —— Blasingame 气井无量纲物质平衡拟时间；

q ——日产气量，m^3；

Δp_p ——归整化拟压力差，MPa；

q_{Dd} —— Blasingame 气井无量纲产量；

S_w ——含水饱和度，%；

B ——体积系数，m^3/m^3；

h ——储层厚度，m；

ϕ ——孔隙度，%；

r_e ——井控半径，m；

下标 M ——图版拟合点。

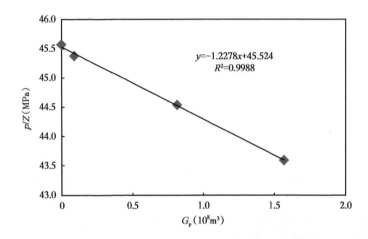

图 6-8　高石 3 井物质平衡法动态储量计算图

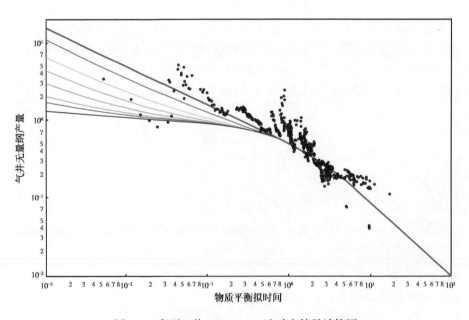

图 6-9　高石 3 井 Blasingame 法动态储量计算图

2）孔洞型储层

孔洞型储层岩性以藻叠层云岩、藻凝块云岩、藻砂屑白云岩为主，岩心观察溶蚀孔洞较为发育，毫米—厘米级溶洞顺层发育，分布相对均一，孔洞分布密集；FMI 成像上高亮背景下暗色斑点顺层分布；常规测井上表现为中—低电阻率、深浅电阻率差大、低自然伽马、中低声波时差、中高密度值、高中子；在数字岩心分析上表现为溶蚀孔洞发育，裂缝欠发育。气井酸压改造后测试产量多为 $20 \times 10^4 \sim 50 \times 10^4 m^3/d$，试井解释远井区渗透率明显比裂缝—孔洞型储层气井低，多为 0.01~0.1mD，因此可以利用试井解释模型开展生产动态预测，利用预测累计产气量和预测压力，采用物质平衡法计算其动态储量，再采用容积法计算气井的井控半径（表 6-2）。

表 6-2　部分气井井控半径计算表

参数	裂缝—孔洞型储层		孔洞型储层	
	高石 2 井	高石 3 井	高石 18 井	高石 8 井
（预测）动态储量（$10^8 m^3$）	20.44	37.08	5.10	1.40
孔隙度（%）	3.1	3.69	3.84	3.92
含气饱和度	0.83	0.83	0.85	0.92
有效储层厚度（m）	56.8	73.70	39.00	27.59
井控半径（km）	1.26	1.36	0.66	0.36

2. 类比法

此外，调研了与高石梯—磨溪区块灯四段气藏相类似的气藏，并进行了对比分析（表 6-3）。由对比结果可以看出，该气藏储层条件与磨溪雷一 [1] 气藏和檀木场石炭系气藏较类似。这两个气藏的井距为 1.0~1.5km，类比结果也和动态控制半径法计算的井控半径 1.0~2.0km 接近。

表 6-3　同类气藏压力物性对比表

气藏	平均孔隙度（%）	平均渗透率（mD）	储层含水饱和度（%）	压力系数	井距（km）
磨溪雷一 [1] 气藏	7.8	0.379	26.5	1.23	1~1.5
檀木场石炭系气藏	4.24	0.67	28	1.12~1.19	1.5

3. 经济极限法

为了实现气藏的规模效益开发，避免气藏开发过程中发生井间干扰，必须确定气藏的经济极限井距（最小井区），然而经济极限井距又与气井井控储量息息相关。因此，可建立平均增量成本法评价模型来确定气井效益开发的最小可采储量：灯四段气藏以大斜度井（80° 左右）开发为主，同时在局部优质储层或缝洞集中发育区域可采用水平井（水平段长度不低于 800m），通过经济极限法对不同类型气井的经济极限井区进行了论证，采用大斜度井（80°）平均经济极限井距为 1.01km，而采用水平井（水平段 800m）经济极限井距为 1.15km（表 6-4）。

表 6-4 经济极限评价简表

参数	大斜度井（80°）	水平井（800m）
商品率（%）	93.4	93.4
气价（元/m³）	1.14	1.14
单井钻井投资（亿元）	1.01	1.25
单井平摊地面投资（亿元）	0.43	0.43
现场操作成本（元/10⁴m³）	2160	2160
基准收益率（%）	8	8
储量丰度（10⁸m³/km²）	3.85	3.85
稳产 5 年单井极限（10⁴m³/d）	8.50	10.25
20 年累计产气量（10⁸m³）	3.15	3.49
动态储量（10⁸m³）	3.05	3.68
极限井距（km）	1.01	1.15

综合上述三种方法研究，裂缝—孔洞型储层论证井控半径为 1.26~1.36km，气藏开发初期计算动态储量一般偏低，气井合理井距控制在 2.0km 左右；孔洞型储层论证井控半径为 0.36~0.66km，平均为 0.47km，气井合理井距控制在 1.0km 左右。考虑气藏以裂缝—孔洞型和孔洞型两类储层开发为主，气藏合理开发井距为 1.0~2.0km。

第三节 开发井位部署与实施

考虑有利沉积相带、岩溶发育古地貌保证物质基础，有利的构造保证整体含气性，利用灯四上亚段强烈剥蚀起始线为西边界，有利构造、有利沉积相带和有利地震反射相带划东边界，明确东西边界后就明确了部署范围，然后在有利部署范围内进一步优选开发井位目标有利区。最终在安岳气田高石梯—磨溪区块优选出 3 个"宽波谷+单亮点"井位目标有利区、2 个"宽波谷+双亮点"井位目标有利区和 1 个"宽波谷+扰动"井位目标有利区，总共面积为 566.73km²（附图 17），基于开发目标靶体参数优化技术，完成了安岳气田震旦系灯影组四段台缘带气藏 65 口建产井部署，并对 3 类高产井模式典型井实施效果进行了分析。

其中高石 001-H18 井位于"宽波谷+单亮点"模式有利井位部署综合区内（图 6-10）。该井入靶点 A 点海拔 -5080m，方位角为 200°，闭合距 1700m，靶体窗口顶界距寒底 1ms，底界距寒底 10ms，灯四上亚段孔隙度大于 3% 的储层预测厚度 15m，靶体位于断层附近，完钻层位灯四³ 小层。该井在钻井过程中钻井显示频繁，气测异常 5 次、气侵 2 次，试油测试稳定油压 32.2MPa，测试产量 72.19×10⁴m³/d，无阻流量 128.81×10⁴m³/d，投产后以 25×10⁴m³/d 稳定生产。

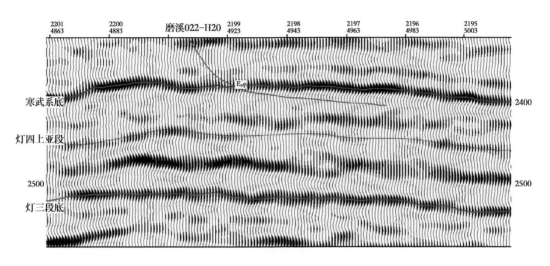

图 6-10 过磨溪 022-H20 井 A 点和 B 点常规波形剖面图

高石 001-X1 井位于"宽波谷 + 双亮点"模式有利井位部署综合区内（图 6-11）。该井入靶点 A 点海拔 -4730m，方位角为 242°，闭合距 1600m，靶体窗口顶界距寒底 6ms，底界距寒武系底 40ms，灯四上亚段孔隙度大于 3% 的储层预测厚度 20m，靶体位于构造高点、断层附近，完钻层位灯四²小层。该井在钻井过程中出现气测异常 6 次、井漏 2 次，试油测试稳定油压 32.5MPa，测试产量 106.24×10⁴m³/d，无阻流量 183.32×10⁴m³/d，投产后以 30×10⁴m³/d 稳定生产。

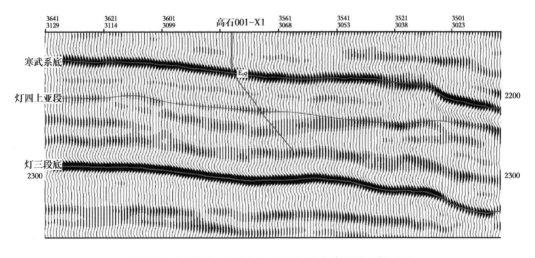

图 6-11 过高石 001-X1 井 A 点和 B 点常规波形剖面图

高石 001-X6 井位于"宽波谷 + 扰动"模式有利井位部署综合区内（图 6-12）。该井入靶点 A 点海拔 -4765m，方位角为 225°，闭合距 1450m，靶体窗口顶界距寒底 1ms，灯四上亚段孔隙度大于 3% 的储层预测厚度 35m，靶体位于构造高点，完钻层位灯三段。该井在钻井过程中出现气测异常 5 次、气侵 3 次，试油测试稳定油压 31.3MPa，测试产量 102.48×10⁴m³/d，无阻流量 179.11×10⁴m³/d，投产后以 28×10⁴m³/d 稳定生产。

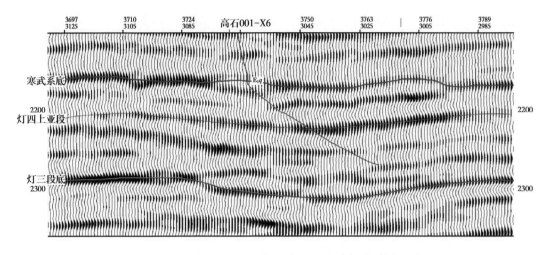

图 6-12 过高石 001-X6 井 A 点和 B 点常规波形剖面图

第七章

安岳气田震旦系灯影组气藏高效开发上产效果

聚焦安岳气田震旦系灯影组气藏开发面临的"储集体精细刻画、储量高效动用、提高单井产量"等关键技术瓶颈，通过联合国内高等院校、科研机构，组建"产、学、研"相结合的联合攻关团队。以"提高储量动用、效益规模开发"为目标，通过"边攻关、边应用、边完善"，创新形成了超深微生物白云岩岩溶气藏精细描述关键技术，气藏高效开发获得重大突破，以安岳气田灯四段气藏一期和二期开发方案批复 $36\times10^8m^3/a$ 的产能建设投资建成年产 $60\times10^8m^3/a$ 生产能力，树立了国内深层低孔隙度复杂岩溶型气藏高效开发新标杆。

第一节 开发技术优化体系的建立

基于前期气藏地质特征研究及生产取得的成果认识，通过大量调研，总结国内外类似气田开发经验与启示[88-93]，针对高石梯—磨溪区块灯影组四段气藏岩溶储渗体非均质性极强、气井产能差异大的特点，利用气藏工程方法、仿真流体力学、试井、数值模拟等手段，开展开发层系划分、井型井距优选、合理配产等开发技术指标优化研究，考虑在当前经济技术前提下，建立了震旦系气藏不同储渗体针对性开发指标优化体系，气藏开发有效提高气藏储量动用率，为规模效益上产提供支撑。

根据岩性、电性、沉积旋回特征，将灯四段自下而上分为灯四^1、灯四^{2}和灯四^{3}小层。从压力分布上看，灯四^1、灯四^{2}和灯四^{3}小层折算至同一海拔压力相当，流体分析结果表明，灯四^1、灯四^{2}和灯四^{3}小层的流体性质差异不大。因此，灯四^1、灯四^{2}和灯四^{3}小层可以作为同一套开发层系进行开发。灯四^{2}和灯四^{3}小层岩溶风化壳储层发育范围大、连续性好、地震识别模式相对成熟，是开发生产主产层段。高石梯区块灯四^{1}小层优质储层整体发育，且存在产量贡献，高石梯区块采用以灯四上亚段（灯四^2、灯四^{3}小层）、灯四下亚段（灯四^{1}小层）合采；磨溪区块灯四^{1}小层欠发育，只针对灯四上亚段（灯四^2、灯四^{3}小层）开发，因此开发层系以灯四^{2}和灯四^{3}小层为主，兼顾高石梯区块灯四^{1}小层。高石梯区块与磨溪区块仍属不同压力系统，平面划分为高石1井区、磨溪108—磨溪111井区、磨溪118井区和磨溪109井区4个开发单元。

随着钻井技术和地质导向工具的进步，水平井、大斜度井以及分支井技术已经广泛地应用于各类气藏开发。国内外通过多年来研究及实践表明，大斜度井和水平井是能够有效提高气井单井产量和气藏采收率。高石梯—磨溪区块震旦系灯四段气藏储层发育跨度大，相互叠置，采用斜井可兼顾纵向各层储量的有效动用，提高单井产量。本次研究根据安岳气田震旦灯四段气藏地质特征，分析不同开发井型的适应性，基于储渗体的大斜度井/水平井靶体参数非线性优化技术，建立单井数值模拟模型和解析分析模型，对气藏水平井、大斜度井和直井的开发效果进行模拟和对比分析，并结合实钻井的测试和试采资料，分析不同井型的实施效果，优选适应灯四段气藏的开发井型（表7-1）。研究结果表明，采用斜井可兼顾纵向各层储量的有效动用，采用60°~80°斜井可以明显提高稳产年限（3~5年）和累计产气量，局部优质储层集中发育区域可采用水平井提高单井产量，对于多个优质储层发育区，可通过分支井提高储量动用率。通过建立考虑水平段长度（大斜度井井斜角）和有效储层钻遇率与成本、产值和净收益之间的关系，提出了水平井段长度（大斜度井井斜角）优化的非线性预测方法，模拟预测震旦系气藏斜井最优井斜角在80°左右，水平井长度应该在800~1100m。

由于多期岩溶作用的影响，储集空间以中小溶洞为主，其次为粒间（溶）孔，孔洞间连通性差，裂缝发育非均质性强，试井解释储层渗透率多在1mD以下，属低孔隙度、低渗透储层，基于孔洞缝搭配关系及其成因，将灯四段气藏储层划分为裂缝—孔洞型、孔洞型和孔隙型三种储层类型，其中裂缝—孔洞型和孔洞型两种储层为灯四段气藏优质储层。基于"地质因素＋经济极限条件"共同约束下的气井合理井距确定方法，裂缝—孔洞型储层缝洞交错发育，搭配关系好，井控范围大，论证井控半径1.26~1.36km，合理井距为2.0km左右；孔洞型储层溶蚀孔洞较发育，裂缝相对欠发育，论证井控半径0.36~0.66km，合理井距控制在1.0km左右。考虑气藏以裂缝—孔洞型和孔洞型两类储层开发为主，气藏合理开发井距1.0~2.0km。

综合经验法、系统分析曲线法、采气曲线法和数模模拟预测法等方法，同时考虑储层厚度及物性、构造位置、测试产能、无阻流量和高压气藏的应力敏感等因素，根据各区域地质情况综合分析，由于试油期间测试气井基本未稳定，建议气井配产在6×10^4~40×10^4m³/d。

表7-1　震旦系灯四段气藏不同储渗体开发技术优化体系

储渗体	高产模式	开发井型	合理井距（km）	合理配产（10^4m³/d）	I类井比例（%）	预测采收率（%）
一类储渗体	叠合岩溶型裂缝—孔洞型储层模式	以80°左右大斜度井为主	1.6~3.3	20~40	>70	65~75
二类储渗体	潜流岩溶型孔洞型储层模式	以800~1200m水平井为主	0.9~1.4	10~30	40~70	55~70
三类储渗体	薄丘滩潜流岩溶型孔洞型储层模式	以80°左右大斜度井为主	<1	6~15	10~40	25~50

第二节　气藏开发指标预测

安岳气田震旦系灯影组气藏数值模拟预测采用tNavigator地质建模与油藏模拟研究平台。该平台将图形处理器（GPU）高效并行计算技术及智能优化算法融为一体，实现了千万至 10 亿网格节点的模拟，成功应用于全球油气藏开发方案快速设计和油气藏建模及数值模拟计算研究。主要技术创新：（1）基于 GPU 的高效并行计算技术。GPU 并行算法可应用于黑油、组分、热采和非常规油气藏压裂等模拟，可用于大型地质建模与数值模拟工作流中的所有模拟计算环节。（2）建模与数值模拟一体化平台。除具有建模与数值模拟一体化功能外，还可采用数值模拟结果反向优化地质建模参数，包括构造、储层的孔隙度与渗透率关系、油气水界面、相对渗透率、断层等。（3）智能优化技术。应用智能优化算法，在一定的已有模拟结果的基础上分析各种不确定性对模拟效果的影响，无限趋近于历史结果进行求解计算。（4）开放 Python 应用程序接口。可满足高级后处理、智能历史拟合、一体化工作流、生产动态自动控制等方面的定制化需求。tNavigator 软件与传统建模与数值模拟技术相比，降低了人工调参的不确定性，节约了时间成本，缩减了决策周期，在全球 200 多家油气公司得到广泛应用，并入选国际石油 2020 年十大科技进展。

在气藏开发层系划分、井型井距优选、合理配产等开发技术指标优化研究的基础上，利用上述数值模拟技术对气藏稳产期、稳产期采出程度、预测期末采出程度等开发技术指标进行了预测。投产井数共计 128 口（其中利用探井 15 口、试采井 7 口、先导试验井 4 口、滚动评价井 1 口、新钻建产井 65 口、补充井 36 口），备用井 2 口，井口定压 10MPa，动用面积 700km^2，数值模拟动用储量 2510.73×10^{8}m^3，采速 2.52%，稳产期 10.5 年，稳产期末采出程度 30.84%。预测期末累计产气 1386.76×10^{8}m^3，采出程度 55.23%（图 7-1 至图 7-3）。

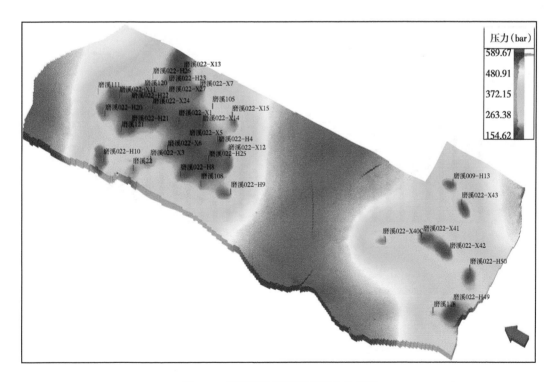

图 7-1　磨溪区块预测期末压力分布图

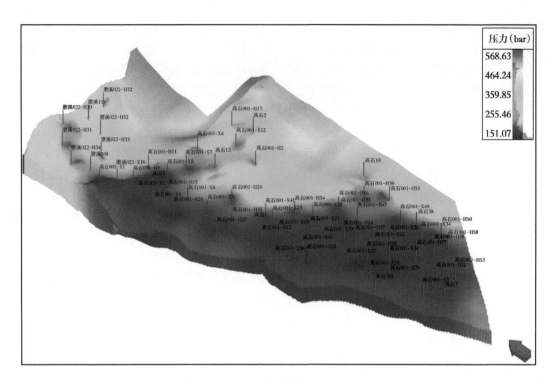

图 7-2　高石梯区块预测期末压力分布图

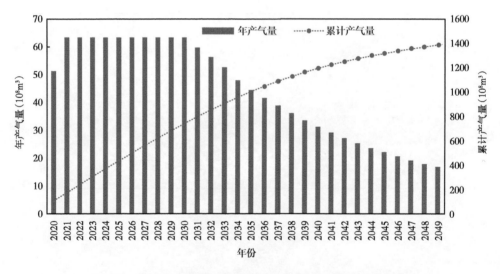

图 7-3　高石梯—磨溪区块灯四段台缘带气藏预测产量剖面图

第三节　气藏开发效果评价

一、高效开发新模式

安岳气田处在川中加里东古隆起核部，该古隆起一直以来都被地质家认为是震旦系—

下古生界油气富集的有利区域。1956 年威基井钻至下寒武统，1963 年加深威基井，1964 年 9 月获气，发现了震旦系气藏；1970—2010 年通过持续不断地研究，认识到古隆起对区域性的沉积、储层和油气聚集具有重要控制作用，但未获得较大突破；2011 年至现今通过持续不断的研究和探索勘探，逐步深化地质认识和优选钻探目标，终于取得勘探重大突破；2011 年 7—9 月位于乐山—龙女寺古隆起高石梯构造的风险探井高石 1 井在震旦系灯影组获得高产气流，灯二段测试日产气 $102\times10^4m^3$，灯四下亚段测试日产气 $3.73\times10^4m^3$，灯四上亚段测试日产气 $32.28\times10^4m^3$；2012 年 5 月，位于磨溪构造东高点的磨溪 8 井在灯二段和灯四段试油获气，随后磨溪 9 井、磨溪 10 井和磨溪 11 井等在灯影组相继获高产工业气流，展现出川中古隆起区震旦系—下古生界领域良好的勘探前景。然而安岳气田高石梯—磨溪区块震旦系灯四段气藏边际储量占比较高，规模效益开发存在瓶颈，开发初期效益井占比仅 29%，稳定产量不超过 $10\times10^4m^3/d$，原有技术难以支撑该气藏"质量、效益、可持续"开发，采用低渗透气藏开发传统模式必然产生大量无效益井。

"十二五"期间针对气藏复杂性，分别于 2014 年编制了《安岳气田高石梯—磨溪区块震旦系气藏试采方案》，于 2015 年编制了《安岳气田高石梯—磨溪区块震旦系灯四段气藏开发概念设计》《高石梯区块高石 1 井区灯四段气藏开发先导试验实施方案》《磨溪区块磨溪 22 井区灯四段气藏试采方案》。期间开展了对气藏开发地质、试采动态特征及开发部署全面、深入的研究，通过多轮技术攻关，建立了"台缘丘滩与斜坡叠合区域内双轴宽波谷反射、宽波谷夹断续亮点反射"的有效气井模式，形成了增产改造主体工艺技术。

"十三五"期间，分别于 2016 年编制《安岳气田高石梯—磨溪区块灯四段气藏一期开发方案》，2017 年编制《安岳气田高石梯—磨溪区块灯四段气藏二期开发方案》，设计于 2019 年合计建成 $36\times10^8m^3/a$ 生产规模。但 2015 年后中国石油西南油气田公司即将在碳酸盐岩气藏开发领域失去长期占据的领跑地位，国内外尚无同类型气藏高效开发先例，"早期准确预判气井稳定产能""技术经济耦合优选建产有利区""形成深层边际气藏规模效益开发模式"的三大难关仍然亟待攻克。路漫漫其修远兮，吾将上下而求索，研究团队重任在肩、使命在心，在开发方案实施过程中依然持续开展气藏精细描述、井位部署模式、储层增产改造等技术攻关，于 2019 年编制《安岳气田高磨地区灯四段气藏一期和二期开发建产调整方案》，用 $36\times10^8m^3/a$ 开发方案投资建成 $60\times10^8m^3/a$ 生产规模，一举打破了基于探明储量和经验采气速度确定气藏建产规模的传统模式，以新理论技术为指导，首创形成了有利区评价、高产井部署、成熟后扩大"三步走"的开发模式，有效规避开发风险，实现了碳酸盐岩边际气藏规模效益开发。

二、开发效果评价

在"三步走"的开发模式下，率先揭示了微生物白云岩"丘滩控有无、岩溶控品质"的小尺度岩溶缝洞储层发育机理，建立了 5 类优质储层发育模式，明确了有利区寻找方向，综合丘滩、岩溶与白云岩岩溶小尺度缝洞精细刻画成果，优选出开发有利区 700km²。通过开展储层渗流机理，以及地层条件下储量可动用性评价研究，明确了不同类型储渗体高效开发的技术界限，一类和二类储渗体可实现高效开发，瞄准一类和二类储渗体目标，建立以"地质模式定点、地震响应定轨"为核心的 3 类高产井部模式，优选开发井 65 口，气井有效率由评价期不足 30% 提高至 100%，开发井井均无阻流量从 $87.1×10^4m^3/d$ 提高至 $127.6×10^4m^3/d$，百万立方米高产井比例达 60%，井均产能达 $25×10^4m^3/d$，全面消火了Ⅲ类井。气藏新增动用储量 $869.73×10^8m^3$，按高石梯和磨溪分两期于 2020 年建成 $60×10^8m^3/a$ 生产能力，已累计产天然气 $103×10^8m^3$，预测采收率 61.5%，较同类气藏提高 35 个百分点，内部收益率从开发方案设计的 11.8% 提高至 29.73%，树立了国内深层低孔隙度复杂岩溶型气藏高效开发新标杆，使中国石油西南油气田公司成为掌握该类气田整体高效开发核心技术的公司之一，显著提升了行业竞争力与影响力。图 7-4 所示为安岳气田灯四段气藏台缘带气藏分年产量及产能模拟图。

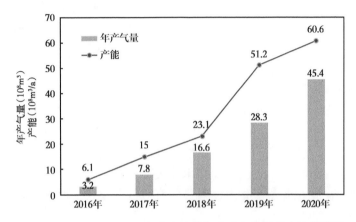

图 7-4 安岳气田灯四段气藏台缘带气藏分年产量及产能规模图

三、取得的社会经济效益

（1）提高川渝地区天然气用气量，为地区"蓝天保卫战"作出重大贡献。

截至 2020 年底，安岳气田震旦系灯影组气藏累计产气 $103×10^8m^3$，相当于替代标煤 $1373×10^4t$，减少粉尘排放 $933×10^4t$，减少二氧化碳排放 $1368×10^4t$。2020 年，川渝地区天然气在一次能源消费中的占比达到 17%，远高于全国 8% 的平均水平。清洁能源供应规模的持续扩大，显著改善了能源供应质量，助力打赢蓝天保卫战，为地区雾霾治理作出了重大贡献。

（2）推动形成引领天然气行业高质量发展的新样板。

在安岳气田开发中注重高质量与高水平建设与运营，气田人均产值达到埃克森美孚公司和壳牌公司等国际大石油公司水平，形成了可供借鉴的油气行业提升效率新模式，对推动行业高质量发展起到示范引领作用。同时，安岳气田开发形成了集中力量突破"卡脖子"技术，推动了科技、改革、政策等各领域释放潜能与活力，管理运营不断优化，政策环境持续向好，形成改革发展新动能。

（3）累计为社会贡献利税 131 亿元以上，对国民经济贡献达 888 亿元。

安岳气田震旦系灯影组气藏天然气生产为社会贡献利税 131 亿元以上。根据国家统计局中国经济景气监测中心统计分析结果，每生产 $1m^3$ 天然气带动相关产业链对地区 GDP 的贡献约为 8.6 元，即可认为天然气对 GDP 的拉动率为 1∶8.6。据此，气田累计生产天然气 $103×10^8m^3$，对国民经济贡献 888 亿元。

参考文献

[1] Burne R V, Moore I S. Microbialites: Organosedimentary deposits of benthic microbial communites [J]. Palaios, 1987, 2: 241-254.

[2] Riding R. Microbial carbonates: the geological record of calcified bacterial-algal mats and biofilms [J]. Sediznerztology, 2000, 47 (1): 179-214.

[3] 梅冥相. 从凝块石概念的演变论微生物碳酸盐岩的研究进展 [J]. 地质科技情报, 2007, 26 (6): 1-9.

[4] 韩作振, 陈吉涛, 迟乃杰, 等. 微生物碳酸盐岩研究: 回顾与展望 [J]. 海洋地质与第四纪地质, 2009, 29 (4): 29-38.

[5] 侯方浩, 方少仙, 沈昭国, 等. 白云岩表生成岩裸露期古风化壳岩溶的规模 [J]. 海相油气地质, 2005, 10 (1): 19-30.

[6] 于豪. 折射波静校正与层析静校正技术适用性分析 [J]. 地球物理学进展, 2012, 27 (6): 2577-2584.

[7] 吴学敏. 异常振幅地震特征分析及压制方法研究 [D]. 北京: 中国地质大学 (北京), 2017.

[8] 崔永福, 郭念民, 吴国忱, 等. 不规则观测系统数据规则化及在相干噪声压制中的应用 [J]. 石油物探, 2016, 55 (4): 524-532, 549.

[9] 刘颖. 基于广义 S 变换的近地表 Q 值反演与应用 [D]. 北京: 中国石油大学 (北京), 2016.

[10] 孙长赞, 王建民, 冯文霞, 等. 各向异性叠前时间偏移技术在大庆探区的应用 [J]. 石油地球物理勘探, 2010, 45 (S1): 71-73, 239, 249.

[11] 冯吉浩, 曹丹平, 秦海旭, 等. 基于波动方程正演模拟的多尺度地震资料反射特征分析 [J]. 地球物理学进展, 2016, 31 (3): 1058-1065.

[12] 李小霞. 地震多属性融合技术应用研究 [D]. 成都: 成都理工大学, 2014.

[13] 朱波, 罗铮, 王海峰, 等. 叠前弹性波阻抗反演在储层预测中的应用 [J]. 物探化探计算技术, 2020, 42 (4): 468-474.

[14] 肖富森, 陈康, 冉崎, 等. 四川盆地高石梯地区震旦系灯影组气藏高产井地震模式新认识 [J]. 天然气工业, 2018, 38 (2): 8-15.

[15] 李凡异, 魏建新, 狄帮让, 等. 碳酸盐岩孔洞储层地震物理模型研究 [J], 石油地球物理勘探, 2016, 51 (2): 272-279.

[16] 梁志强, 李弘, 丁圣. 两种叠后裂缝预测技术在 YK 油田应用效果对比 [J]. 物探化探计算技术, 2023, 45 (3): 299-306.

[17] Gersztenkorn A, Marfurt K J.Eigenstructure-based coherence computations as an aid to 3-D structural and stratigraphic mapping[J].Geophysics, 1999, 64: 1468-1479.

[18] Ahmed A A, Trond H B.Improved fault segmentation using a dip guided and modified 3D Sobel filter[J]. 81th Annual International Meeting, SEG, Expanded Abstracts, 2011: 999-1003.

[19] Li Y D, Lu W K, Xiao H Q, et al.Dip-scanning coherence algorithm using eigenstructure analysis and supertrace technique[J].Geophysics, 2006, 71: 61-66.

[20] 杨葆军, 杨长春, 陈雨红, 等. 自适应时窗相干体计算技术及其应用 [J]. 石油地球物理勘探, 2013, 48 (3): 436-442.

[21] 姜仁, 曾庆才, 黄家强, 等. 岩石物理分析在叠前储层预测中的应用 [J]. 石油地球物理勘探, 2014, 49 (2): 322-328, 221.

[22] 隋淑玲, 唐军, 蒋宇冰, 等. 常用地震反演方法技术特点与适用条件 [J]. 油气地质与采收率, 2012, 19 (4): 38-41.

[23] 黄江凤. 声波与弹性波反散射问题的贝叶斯方法 [D]. 成都: 电子科技大学, 2021.

[24] Silin D B, Jin G, Patzek T W. Robust determination of pore space morphology in sedimentary rocks [J]. SPE 84296, 2003.

[25] Al-Kharusi A S, Blunt M J. Network extraction from sandstone and carbonate pore space images[J]. Journal of Petroleum Science and Engineering, 2007, 56: 219-231.

[26] Dong H. Micro-CT imaging and pore network extraction [D]. London: Imperial College, 2007: 80-95.

[27] 屈乐, 孙卫, 杜环虹, 等. 基于CT扫描的三维数字岩心孔隙结构表征方法及应用——以莫北油田116井区三工河组为例[J]. 现代地质, 2014, 28 (1): 190-196.

[28] 薛华庆, 胥蕊娜, 姜培学, 等. 岩石微观结构CT扫描表征技术研究[J]. 力学学报, 2015, 47 (6): 1073-1078.

[29] Peng R D, Yang Y C, Ju Y, et al. Computation of fractal dimension of rock pores based on gray CT images[J]. Science Bulletin, 2011, 56: 3346-3357.

[30] 查明, 尹向烟, 姜林, 等. CT扫描技术在石油勘探开发中的应用[J]. 地质科技情报, 2017 (4): 228-235.

[31] Denney D. Robust determination of the pore-space morphology in sedimentary rocks[J]. Journal of Petroleum Technology, 2004, 56: 69-70.

[32] Attwood D. Microscopy: nano tomography comes of age[J]. Nature, 2006, 442 (7103): 642.

[33] 邓世冠, 吕伟峰, 刘庆杰, 等. 利用CT技术研究砾岩驱油机理[J]. 石油勘探与开发, 2014, 41 (3): 330-335.

[34] 杨峰, 宁正福, 胡昌蓬, 等. 页岩储层微观孔隙结构特征[J]. 石油学报, 2013, 34 (2): 301-311.

[35] Bai B, Zhu R, Songtao WU, et al. Multi-scale method of Nano (Micro)-CT study on microscopic pore structure of tight sandstone of Yanchang Formation, Ordos Basin[J]. Petroleum Exploration and Development, 2013, 40: 354-358.

[36] 朱讯, 谷一凡, 蒋裕强, 等. 川中高石梯区块震旦系灯影组岩溶储层特征与储渗体分类评价[J]. 天然气工业, 2019, 39 (3): 38-46.

[37] 王卫红, 刘传喜, 刘华, 等. 超高压气藏渗流机理及气井生产动态特征[J]. 天然气地球科学, 2015, 26 (4): 725-732.

[38] 王兴志, 穆曙光, 黄继祥, 等. 四川资阳地区灯影组气藏储渗体圈闭类型[J]. 中国海上油气 (地质), 12 (6): 386-389.

[39] 侯方浩, 方少仙, 王兴志, 等. 四川震旦系灯影组天然气藏储渗体的再认识[J]. 石油学报, 1999, 20 (6): 16-21.

[40] Chatenever A, Calhoun J C. Visual examinations of fluid behavior in porous media-Part I[J]. Journal of Petroleum Technology, 1952, 4 (6): 149-156.

[41] Wan J, Tokunaga T K, Tsang C, et al. Improved glass micromodel methods for studies of flow and transport in fractured porous media[J]. Water Resources Research, 1996, 32: 1955-1964.

[42] 鄢友军, 陈俊宇, 郭静姝, 等. 龙岗地区储层微观鲕粒模型气水两相渗流可视化实验及分析[J]. 天然气工业, 2012, 32 (1): 64-66.

[43] 王璐, 杨胜来, 刘义成, 等. 缝洞型碳酸盐岩气藏多层合采供气能力实验[J]. 石油勘探与开发, 2017, 44 (5): 779-787.

[44] Wang L, Yang S L, Liu Y C, et al. Experiments on gas supply capability of commingled production in a fracture-cavity carbonate gas reservoir[J]. Petroleum Exploration and Development, 2017, 44: 824-833.

[45] 常程, 李隆新, 沈人烨, 等. 提高缝洞型气藏采出程度的物理实验——以高磨地区震旦系灯影组气藏为例[J]. 天然气勘探与开发, 2017, 40 (4): 65-71.

[46] 彭朝阳, 龙武, 杜志敏, 等. 缝洞型油藏离散介质网络数值试井模型[J]. 西南石油大学学报 (自然科学版), 2010, 32 (6): 125-129.

[47] 黄朝琴，姚军，王月英，等.基于离散裂缝模型的裂缝性油藏注水开发数值模拟[J].计算物理，2011，28（1）：41-49.

[48] 刘成川.应用产能模拟技术确定储层基质孔、渗下限[J].天然气工业，2005，25（10）：27-29.

[49] 王娟，刘学刚，崔智林.确定储层孔隙度和渗透率下限的几种方法[J].新疆石油地质，2010，31（2）：203-204.

[50] 王亮国，唐立章，邓莉，等.致密储层物性下限研究——以川西新场大邑为例[J].钻采工艺，2011，34（6）：33-36.

[51] 焦翠华，夏冬冬，王军，等.特低渗砂岩储层物性下限确定方法——以永进油田西山窑组储层为例[J].石油与天然气地质，2009，30（3）：379-383.

[52] 王岩泉，边伟华，刘宝鸿，等.辽河盆地火成岩储层评价标准与有效储层物性下限[J].中国石油大学学报（自然科学版），2016，40（2）：13-22.

[53] 曹青，赵靖舟，刘新社，等.鄂尔多斯盆地东部致密砂岩气成藏物性界限的确定[J].石油学报，2013，34（6）：1040-1048.

[54] 王艳忠，操应长，宋国奇，等.东营凹陷古近系深部碎屑岩有效储层物性下限的确定[J].中国石油大学学报：自然科学版，2009，33（04）：16-21.

[55] 王卫红，沈平平，马新华，等.非均质低渗透气藏储层动用能力及影响因素研究[J].天然气地球科学，2005，16（01）：93-97.

[56] 李传亮.油藏工程原理[M].北京：石油工业出版社，2005：55-63.

[57] 高阳，蒋裕强，杨长城，等.最小流动孔喉半径法确定低渗储层物性下限[J].科技导报，2011，29（4）：34-38.

[58] 戚厚发.天然气储层物性下限及深层气勘探问题的探讨[J].天然气工业，1989，9（5）：26-30.

[59] 路智勇，韩学辉，张欣，等.储层物性下限确定方法的研究现状与展望[J].中国石油大学学报（自然科学版），2016，40（5）：32-34.

[60] 黎菁，赵峰，刘鹏.苏里格气田东区致密砂岩气藏储层物性下限值的确定[J].天然气工业，2012，32（6）：33-35.

[61] 焦翠华，夏冬冬，王军，等.特低渗砂岩储层物性下限确定方法——以永进油田西山窑组储层为例[J].石油与天然气地质，2009，30（3）：379-383.

[62] 王岩泉，边伟华，刘宝鸿，等.辽河盆地火成岩储层评价标准与有效储层物性下限[J].中国石油大学学报（自然科学版），2016，40（2）：13-22.

[63] 曹青，赵靖舟，刘新社，等.鄂尔多斯盆地东部致密砂岩气成藏物性界限的确定[J].石油学报，2013，34（6）：1040-1048.

[64] 李骞，郭平，黄全华.鄂尔多斯盆地子洲低渗透气藏动储量评价方法优选[J].重庆科技学院学报（自然科学版），2008，10（6）：34-36.

[65] 张明禄.长庆气区低渗透非均质气藏可动储量评价技术[J].天然气工业，2010，30（4）：50-53.

[66] 陈元千.评价气藏原始地质储量和原始可采储量的动态法——为修订的《SY/T 6098—2010》标准而作[J].天然气勘探与开发，2021，44（3）：1-12.

[67] 王璐，杨胜来，刘义成，等.缝洞型碳酸盐岩储层气水两相微观渗流机理可视化实验研究[J].石油科学通报，2017，2（3）：364-376.

[68] 王璐，杨胜来，徐伟，等.应用改进的产能模拟法确定安岳气田磨溪区块储层物性下限[J].新疆石油地质，2017，38（3）：358-362.

[69] 张满郎，孔凡志，谷江锐，等.九龙山气田珍珠冲组砂砾岩储层评价及有利区优选[J].岩性油气藏，2020，32（3）：1-13.

[70] 孙波，涂国川，王鹏，等.大型深层碳酸盐岩气藏描述技术研究[J].天然气与石油，2017，35（5）：66-71.

[71] 张光荣，廖奇，喻颐，等．四川盆地高磨地区龙王庙组气藏高效开发有利区地震预测 [J]．天然气工业，2017，37（1）：66-75.

[72] 杨柳，徐伟，杨洪志．高含水致密砂岩气藏天然气富集模式及有利区评价——以安岳气田须二段气藏为例 [J]．天然气勘探与开发，2016，39（3）：16-20.

[73] 杨琼警，何光怀，张亮，等．长庆气区水平井立体开发有利区的筛选 [J]．重庆科技学院学报（自然科学版），2013，15（4）：14-16.

[74] 钟兵，杨洪志，徐伟，等．川中地区上三叠统须家河组气藏开发有利区评价与优选技术 [J]．天然气工业，2012，32（3）：62-64，128-129.

[75] 林煜，李相文，陈康，等．深层海相碳酸盐岩储层地震预测关键技术与效果——以四川盆地震旦系—寒武系与塔里木盆地奥陶系油气藏为例 [J]．石油与天然气地质，2021，42（3）：717-727.

[76] 吴仕虎，陈康，李小刚，等．川中—川东北地区上震旦统灯影组大型早期台缘带的发现及其油气勘探意义 [J]．地球科学，2020，45（3）：998-1012.

[77] 魏国齐，杜金虎，徐春春，等．四川盆地高石梯—磨溪地区震旦系—寒武系大型气藏特征与聚集模式 [J]．石油学报，2015，36（1）：1-12.

[78] 马新华，杨雨，文龙，等．四川盆地海相碳酸盐岩大中型气田分布规律及勘探方向 [J]．石油勘探与开发，2019，46（1）：1-13.

[79] 杨雨，黄先平，张健，等．四川盆地寒武系沉积前震旦系顶界岩溶地貌特征及其地质意义 [J]．天然气工业，2014，34（3）：38-43.

[80] 罗冰，杨跃明，罗文军，等．川中古隆起灯影组储层发育控制因素及展布 [J]．石油学报，2015，36（4）：416-426.

[81] 王文之，杨跃明，文龙，等．微生物碳酸盐岩沉积特征研究——以四川盆地高磨地区灯影组为例 [J]．中国地质，2016，43（1）：306-318.

[82] 罗文军，徐伟，朱正平，等．四川盆地高石梯地区震旦系灯影组四段硅质岩成因及地质意义 [J]．天然气勘探与开发，2019，42，（3）：1-9.

[83] 杨威，魏国齐，赵蓉蓉，等．四川盆地震旦系灯影组岩溶储层特征及展布 [J]．天然气工业，2014，34（3）：55-60.

[84] 刘建辉，明君，彭刚．匹配追踪谱反演处理技术在精细地震解释中的应用 [J]．海洋地质前沿，2018，34（11）：60-65.

[85] 李爽，朱新佳，靳辉，等．低渗透气田合理井网井距研究 [J]．特种油气藏，2010，17（5）：73-76.

[86] 孙贺东．油气井现代产量递减分析方法及应用 [M]．北京：石油工业出版社，2013：62-76.

[87] 邓惠，冯曦，王浩，等．复杂气藏开发早期计算动态储量方法及其适用性分析 [J]．天然气工业，2012，32（1）：61-63.

[88] 毛志强，李进福．油气层产能预测方法及模型 [J]．石油学报，2000，21（5）：58-61.

[89] 朱华银，朱维耀，罗瑞兰．低渗透气藏开发机理研究进展 [J]．天然气工业，2010，30（11）：44-47.

[90] 晏宁平，王旭，吕华，等．鄂尔多斯盆地靖边气田下古生界非均质性气藏的产量递减规律 [J]．天然气工业，2013，33（02）：43-47.

[91] 王寿平，孔凡群，彭鑫岭，等．普光气田开发指标优化技术 [J]．天然气工业，2011，31（03）：5-8.

[92] 贾爱林，闫海军，郭建林，等．全球不同类型大型气藏的开发特征及经验 [J]．天然气工业，2014，34（10）：33-46.

[93] 朱斌，熊燕莉，王浩，等．川东石炭系气藏低渗区合理井距确定方法 [J]．天然气勘探与开发，2009，32（3）：27-28.

附　录

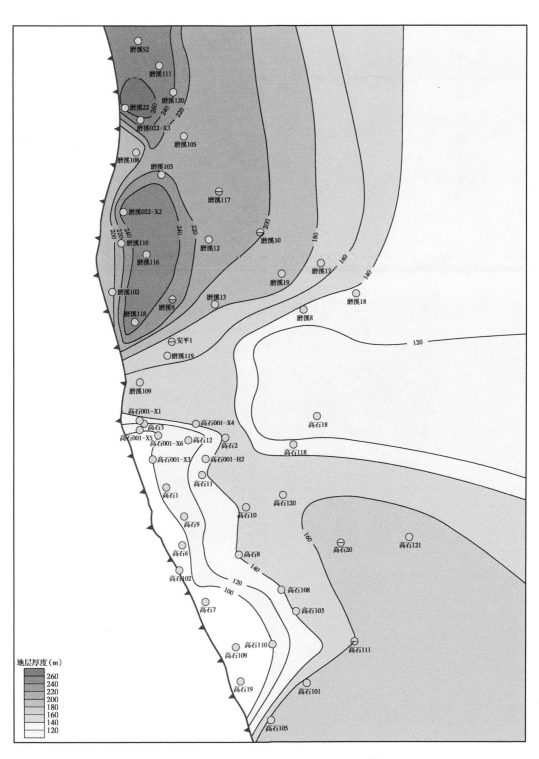

附图 1　高石梯—磨溪区块灯四上亚段地层厚度等值线图

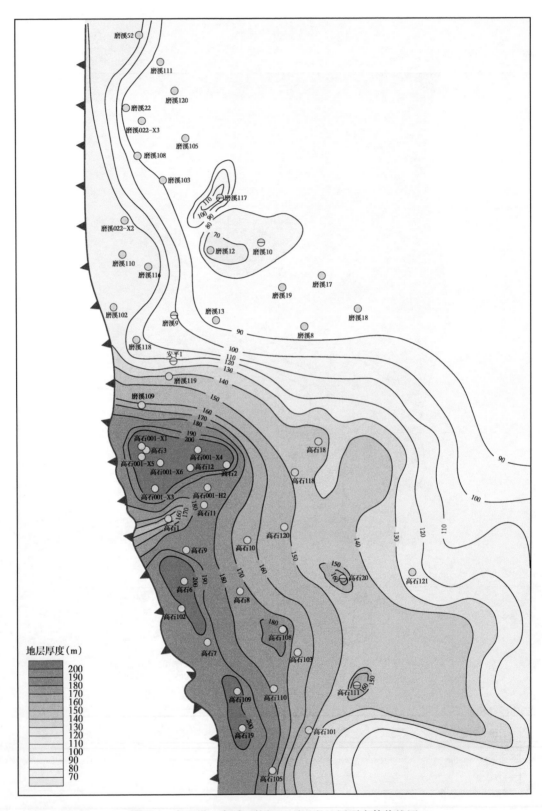

附图 2　高石梯—磨溪区块灯四下亚段地层厚度等值线图

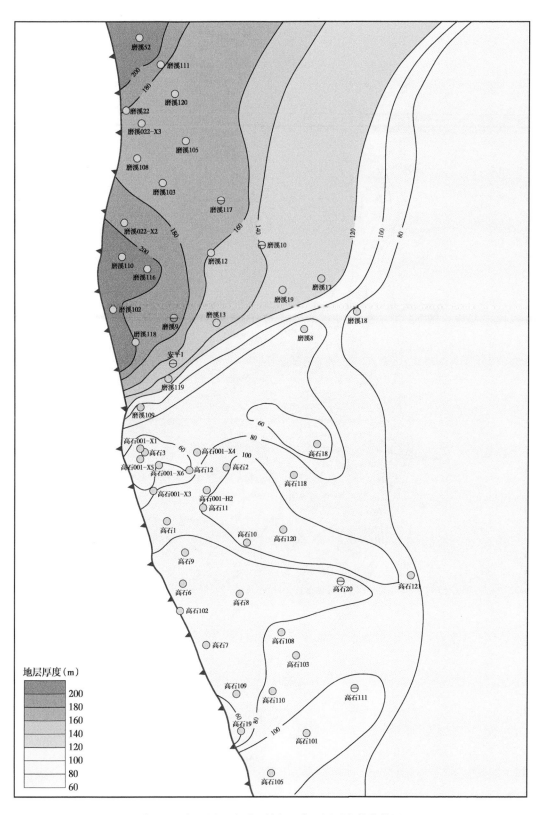

附图 3　高石梯—磨溪区块灯四²地层厚度等值线图

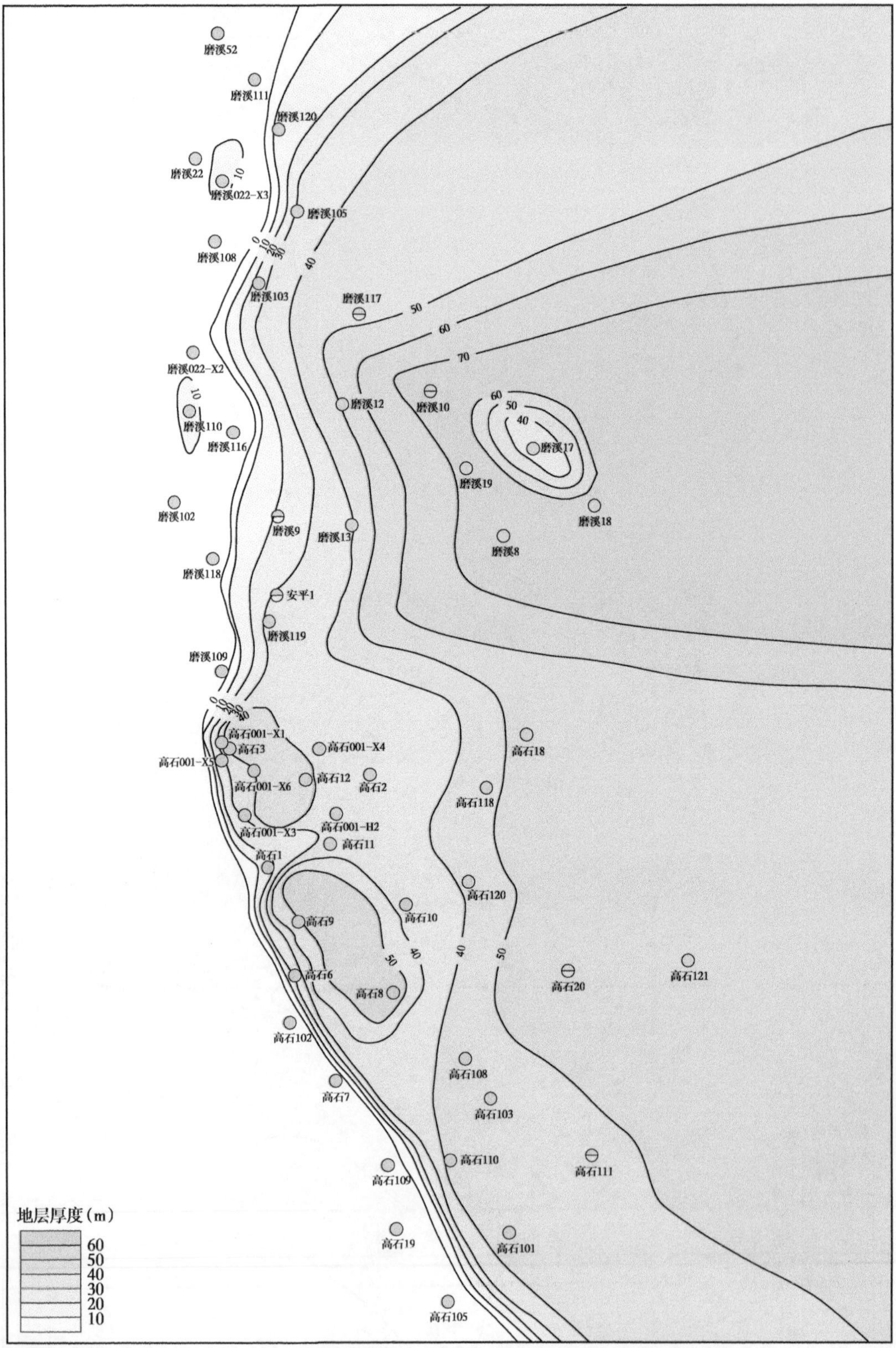

附图 4 高石梯—磨溪区块灯四^{3}地层厚度等值线图

(a)藻粘结砂屑云岩，高石1井，灯四段，
4966.98~4967.07m

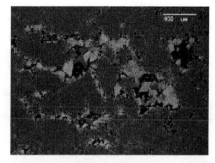

(b)藻粘结砂屑云岩镜下特征，高石1井，灯四段，
4966.98~4967.07m

(c)藻纹层云岩，磨溪17井，灯四段，
5084.88~5084.97m

(d)藻凝块云岩镜下特征，磨溪123井，灯四段，
5477.4m

(e)藻凝块云岩，磨溪17井，灯四段，
5093.59~5093.74m

(f)藻凝块云岩镜下特征，磨溪8井，灯四段，
5104.88m

(g)藻叠层云岩，磨溪51井，灯四段，
5413.11~5413.27m

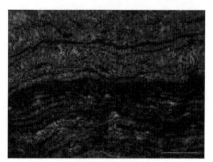

(h)藻叠层云岩镜下特征，磨溪123井，灯四段，
5478.31m

附图5　高石梯—磨溪区块灯四段储集岩石类型

（a）高石1井，灯四段，4964.23m，藻砂屑云岩，
粒间溶孔发育

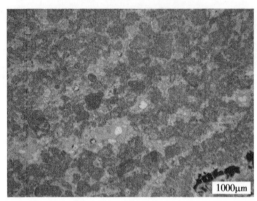

（b）磨溪105井，灯四段，5324.94，砂屑云岩，
粒间溶孔发育

（c）高石2井，灯四段，5015.02m，
晶间孔及晶间溶孔

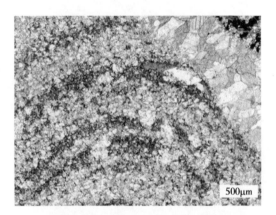

（d）磨溪9井，灯四段，5447.69m，叠层云岩，
晶间溶孔

（e）高石1井，灯四段，藻凝块云岩，
4986.01~4986.15m，溶蚀孔洞

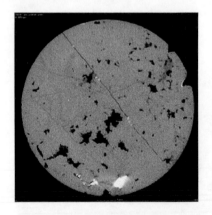

（f）磨溪9井，灯四段，5046.58m，
缝洞发育

附图6　高石梯—磨溪区块灯四段储集空间类型

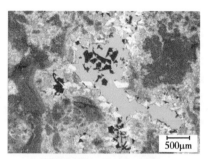

(a)磨溪105井，灯四段，5342.5m，
藻凝块云岩，溶孔发育，缩颈喉道

(b)磨溪109井，灯四段，5109.25m，
砂屑云岩，片状喉道

(c)高石1井，灯四段，4960.81m，
砂屑白云岩，粒间溶孔发育，缩颈喉道

(d)高石1井，灯四段，4967.07m，
砂屑云岩，溶蚀孔隙发育，片状喉道

附图 7　高石梯—磨溪区块灯四段喉道类型

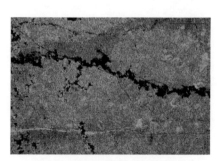

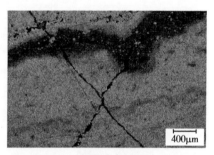

(a)高石1井，灯四段，4966.98m，
早期溶缝被早期构造缝切割

(b)高石1井，灯四段，4966.89m，第二期和
第三期裂缝相互切割，并切穿第一期裂缝

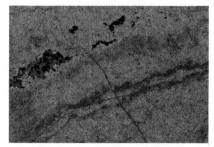

(c)高石1井，灯四段，4966.89m，
第四期与第五期裂缝相互切割

(d)高石1井，灯四段，4958.59m，
裂缝宽0.025~0.05m，
第五期裂缝切割沥青及晚期胶结物

附图 8　高石梯—磨溪区块灯四段裂缝特征

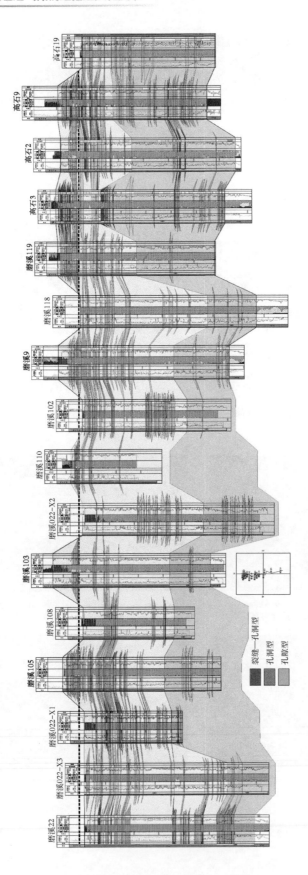

附图9　磨溪22井—高石001-X21井优质储层对比剖面图

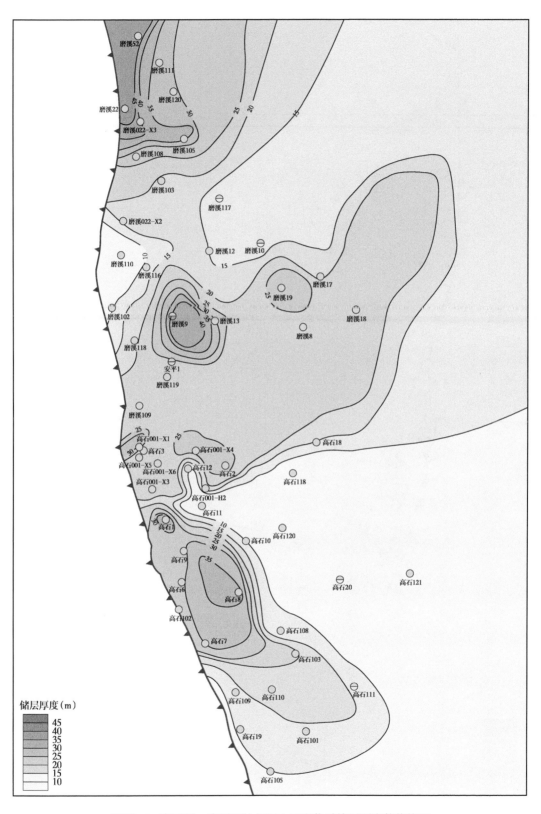

附图 10　高石梯—磨溪区块灯四上亚段优质储层厚度等值线图

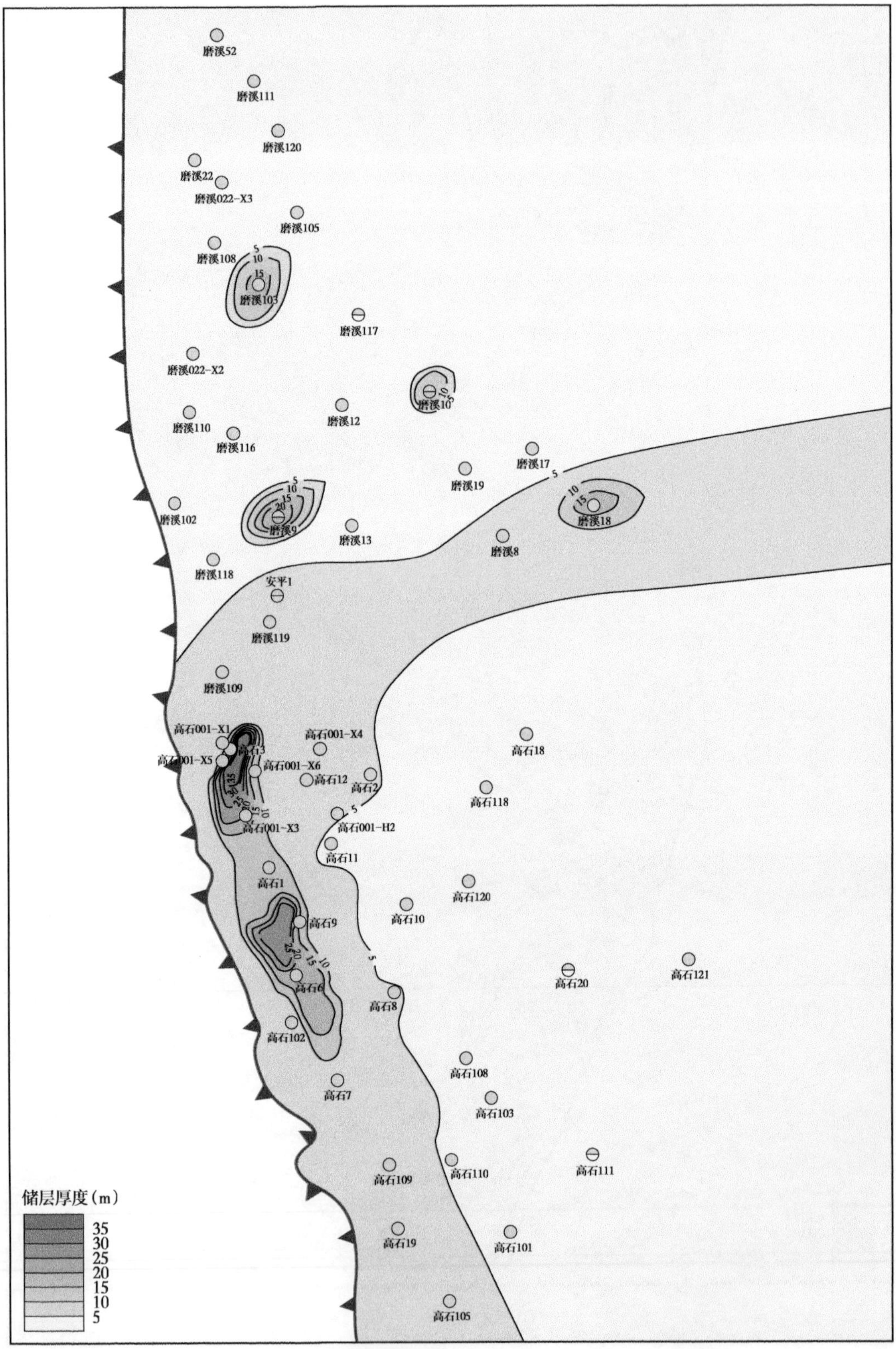

附图 11　高石梯—磨溪区块灯四下亚段优质储层厚度等值线图

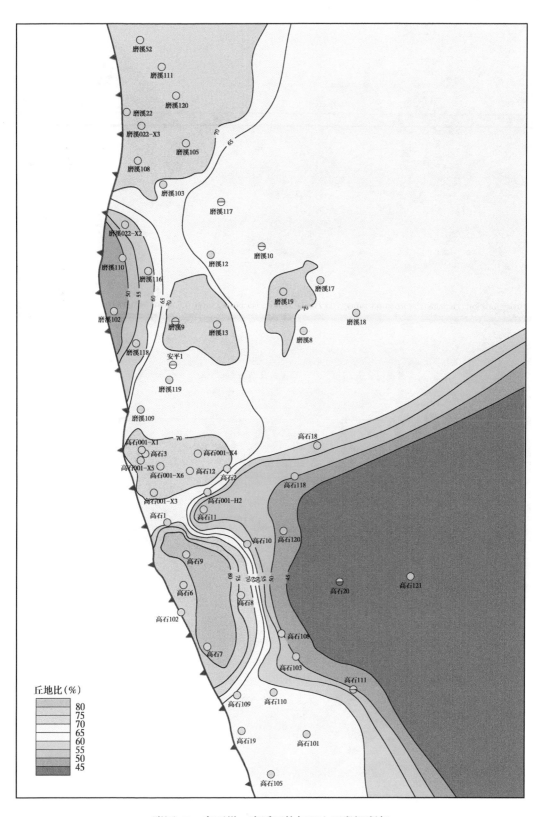

附图 12 高石梯—磨溪区块灯四上亚段沉积相

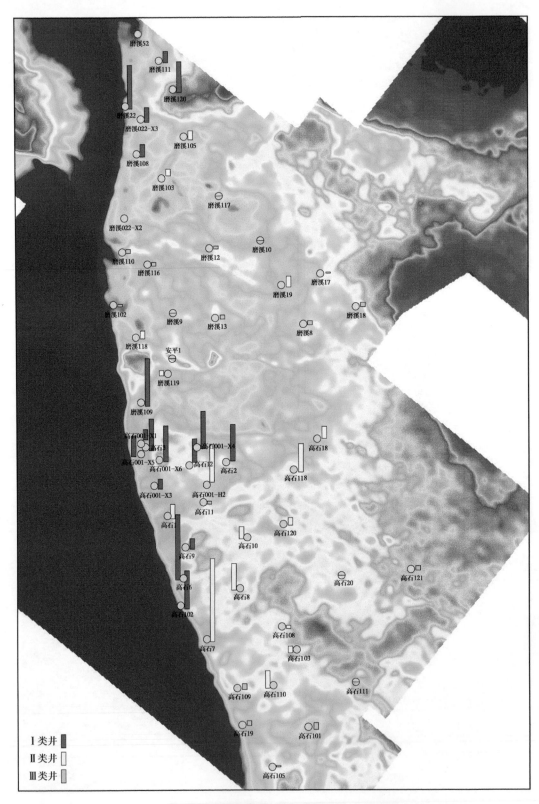

附图 13　高石梯—磨溪区块灯四段岩溶古地貌图

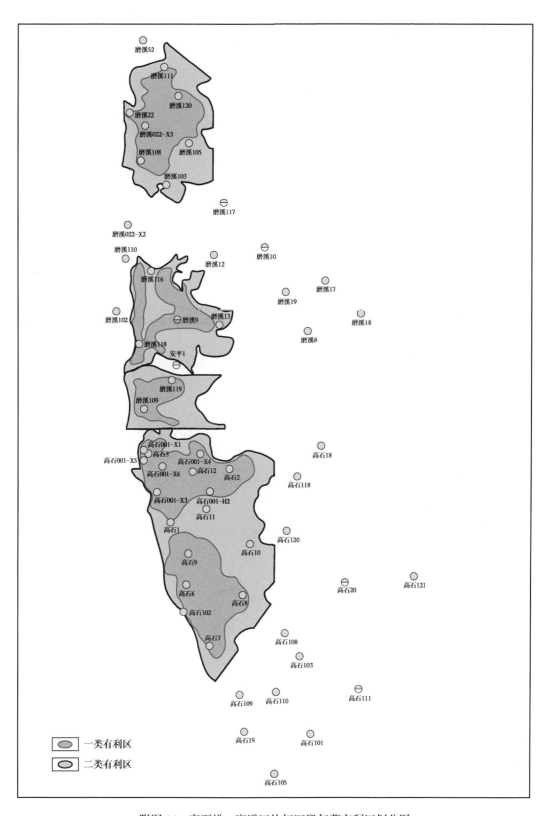

附图 14　高石梯—磨溪区块灯四段气藏有利区划分图

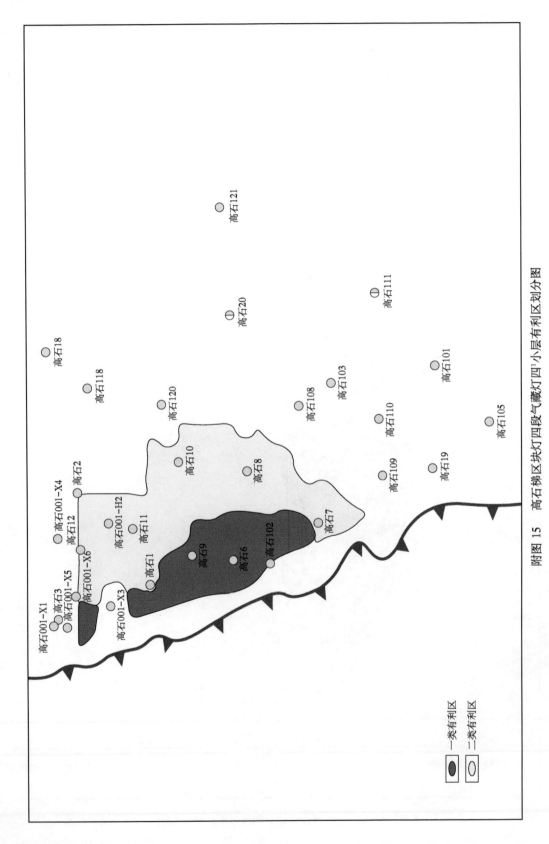

附图 15　高石梯区块灯四段气藏灯四[1]小层有利区划分图

高石121

高石20

高石111

高石18

高石118

高石120

高石108

高石103

高石101

高石10

高石2

高石105

高石001-X4

高石12

高石8

高石110

高石001-H2

高石11

高石7

高石109

高石19

高石1

高石9

高石6

高石102

高石001-X6

高石3

高石001-X5

高石001-X1

高石001-X3

一类有利区

二类有利区

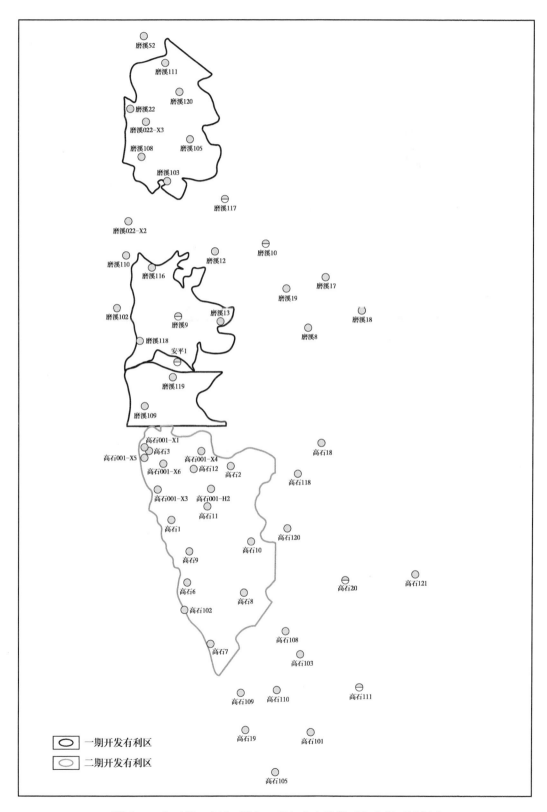

附图 16　高石梯—磨溪区块灯四段气藏台缘带开发有利区划分图

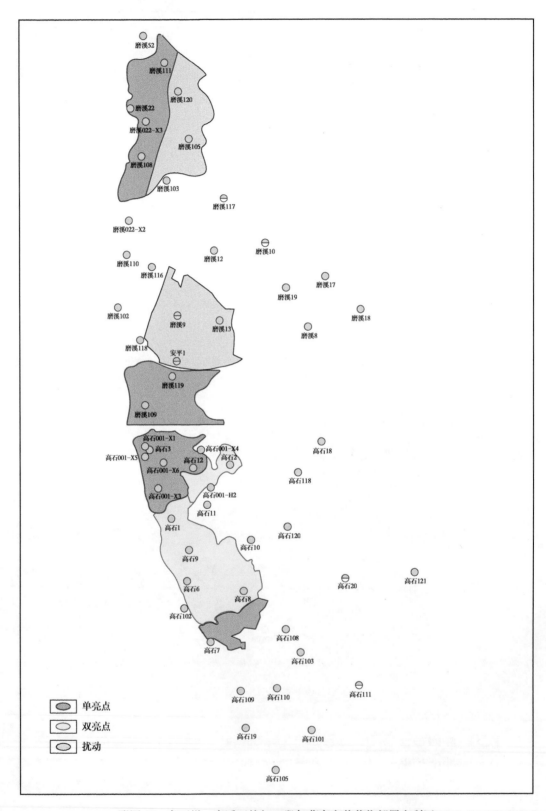

附图 17　高石梯—磨溪区块灯四段气藏高产井井位部署有利区